生物多様性の多様性

森 章 [著]
コーディネーター 甲山隆司

KYORITSU
Smart
Selection

共立スマートセレクション
23

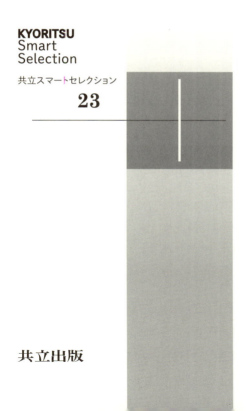

共立出版

まえがき

　本書は,「生物多様性」について紹介するものです. 生物多様性
という言葉に触れる機会が増えてきました. しかしながら, この言
葉について聞いたことがある人が増えてきている一方で, その意味
するところは曖昧にされたままです. 生物多様性とは何かを定義す
ることは困難で, 唯一無二の尺度のようなものが存在しません. も
っとも直感的にわかりやすいと考えられるのは, 生物種の豊富さ
(種数) かと思われます. しかしながら,「種」とは何か, ひいては
「生物」とは何かを厳密に定義することも困難です. このような状
況下で, 生物多様性を簡潔かつ明確に定義することはできません.

　本書は, 根源的に曖昧であるからこそ多様な意味を持つ「生物多
様性」について, さまざまな角度から考え, 網羅的に紹介するよう
に心がけました. 生物多様性についてのすべてが本書で紹介できて
いるわけではありませんが, 生物多様性の捉え方, 自然界での生物
多様性の成り立ち方, 人間社会と生物多様性との関わり方など, 幅
広いトピックに焦点を当てることで, 読者の方々が「生物多様性の
多様性」について考えるきっかけになればと思い, 執筆を続けてき
ました.

　この世界は, 偶然と必然が折り重なることで出来上がっていると
思っています. 生物多様性も, 私たち人間社会も, 偶然性と必然性
が作用する中で, 成り立ち維持されています. しかしながら, 人間
活動が自然界に甚大なる影響を与えている今, 私たちヒトは, 自然
界に存在する偶然性の要素を排除し, ヒトにとって都合の良い必然

性だけを抜き出そうとしています．その結果，生物多様性も著しく脅かされています．本書では，偶然と必然が織りなす生物多様性について，基礎科学的な視点から紹介しつつ，人間社会との関わりという点での応用的な視点も踏まえました．

　本書が，読者の方々にとって，自然と向き合い，自然について考える上で少しでも役立てば幸いです．

　2017 年 11 月

森　　章

目　次

① はじめに—生物多様性について考え始める ······················ 1

② 生物多様性の多様性 ··· 26

   2.1　生物多様性とは？　27

   2.2　生態系とは？　32

   2.3　種とは？　39

   2.4　種内変異とは？　44

   2.5　生物多様性の定量化　47

      2.5.1　種という尺度に基づく　49

      2.5.2　生き物の特性に基づく　62

③ 生物多様性を形作る—偶然性と必然性が織りなす ······ 78

   3.1　生物群集とは？　79

   3.2　生物群集の形成プロセス　80

      3.2.1　生物多様性の形成プロセスに迫る　82

      3.2.2　必然性の果たす役割　89

      3.2.3　偶然性の果たす役割　98

      3.2.4　偶然と必然の間で　113

④ 生物多様性の果たす役割—人類の福利と関わる ············ 123

   4.1　生物多様性と生態系サービス　125

   4.2　生物多様性と生態系機能　136

   4.3　明らかになってきたこと，不確かなこと　154

⑤ おわりに—生物多様性をめぐって ····················· 165

引用文献 ……………………………………………………… 173

あとがき ……………………………………………………… 199

生態学から生物多様性を把握する
（コーディネーター　甲山隆司）…………………………… 201

索　引 ………………………………………………………… 207

Box

1.1. 生物へのまなざしの違い	16
2.1. 自然のプロセスに対する社会の向き合い方	34
2.2. 種の優占度の不平等分布	51
2.3. 人間社会でも観察される優占度ランク曲線	52
2.4. アルファ，ベータ，ガンマの三つの多様性の考え	54
2.5. ベータ多様性の持つ意味の多様さ	60
2.6. 系統樹に基づく多様性の評価	65
2.7. 生物の特性に基づく多様性の評価	71
2.8. 複数の特性に基づく多様性の評価	74
3.1. ニッチの用語	92
3.2. 「ニッチの違い」と「適応度の違い」について	99
3.3. 偶然性と確率論	102
3.4. 「統合中立理論」と種の個体数分布曲線	110
3.5. 「統合中立理論」の理解と評価に至るまで	112
3.6. 複雑な世界を単純化して近似する	114
3.7. 生物多様性の標高変化を探る野外研究	119
4.1. 多様性による効果の内訳としての「相補性効果」と「選択効果」	142
4.2. 生態系機能の安定性を支える生物多様性の役割	148
4.3. 機能的冗長性と多機能性	152
5.1. 生物多様性と生態系サービスの位置づけ	167
5.2. 生物多様性と生態系サービスの保全を考える	169

はじめに
——生物多様性について考え始める

　本書では,「生物多様性」について論じたい. そもそも生物多様性とは何か, 生物多様性はどのように形成され維持されているのか, 生物多様性を保全することの理由や動機, 生物多様性からの帰結について, 幅広く紹介したい. これらの詳細については, 各章で詳しく述べる. 第 1 章では, 生物多様性と人間活動との関わりについて, 国際的な動向を踏まえて俯瞰することから始める.

　まずは, 地球規模の環境評価の枠組みである,「プラネタリー・バウンダリーズ」を紹介したい (Stockholm Resilience Centre[1]; 図 1.1). プラネタリー・バウンダリーズは, 地球が一つの惑星システムとして存在し得なくなる危険性を評価したものである [1-3]. スウェーデンのストックホルム・レジリアンスセンターを主体とする自然科学及び社会科学の多領域にまたがる専門家グループにより提案されている. この枠組みでは, 産業革命以降に人間活動が次第に地球環境変動の主要因となってきたことに着目している. 特に, 地球システムの主たる九つのプロセスに対し,「安全域」と呼ばれ

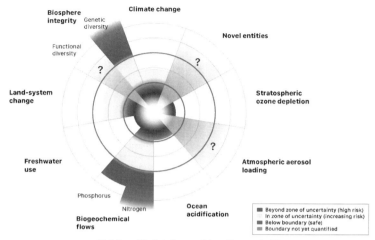

図 1.1 プラネタリー・バウンダリーズの図

詳細は，Steffen, et al. [1] に詳しい．地球システムを支える駆動プロセスとして，九つの主たるプロセスに大別されている．9項目について，人類による影響具合が図示されており，放射が地球圏の外側に及んでいるものほど危険度（将来的な不確実性）が高い．原図ではカラーの信号色で示されており，最も内側の圏内がグリーンゾーン，地球圏内がイエローゾーン，その外がレッドゾーンとなっている．生物多様性については，左上に示される「生物圏の健全性（Biosphere integrity）」に該当する．生物多様性（特に遺伝的多様性）に対する人類の影響は，すでに取り返しがつかないかもしれない領域（レッドゾーン）に突入してしまっている．

る許容可能な閾値を通過してしまった後には，取り返しがつかない「急激かつ不可逆的な環境変化」の危険性があることを強調している．

　至近（2015年）のプラネタリー・バウンダリーズの図（図 1.1）では，安全域が緑色（つまり青信号）で示されており，シグナルの色が黄色から赤色へと向かうにつれ，閾値の越境を示している．環境問題として世界的に最も関心が高いとされる「気候変動」の問題は，まだ黄色の領域である．一方で，生物多様性に関する問題につ

いては，当初（2009 年）から最も懸念されている事項であり [2]，2015 年の評価においても，赤色の領域に越境してしまっている [1]（図 1.1）．プラネタリー・バウンダリーズは，我々の暮らす地球というシステムが本来持つ姿が著しく人類の活動により改変されており，生物圏では生物の多様性が損なわれていることに対する警鐘を鳴らしている．

　プラネタリー・バウンダリーズは，あくまで環境問題の評価枠組みの一つであり，絶対的な評価を下すものではない[†]．他の評価枠組みでは，気候変動の問題をより深刻に捉えているものもある．そもそも個々のプロセスは独立しておらず，相互に関係する．気候変動や窒素負荷の問題は，生物多様性を脅かす要因でもあるので，プラネタリー・バウンダリーズで示される個々のプロセスを別途に切り離して考えることには，あまり意味がない．ここで強調したいことは，生物多様性の状況が危機的と判断されていることである．

　生物多様性の現状に対する危惧は，国際連合（以降，国連）に係る枠組みの中でも見て取れる．たとえば，「生物多様性条約（CBD[2)]）」が挙げられる．生物多様性条約は，国連環境計画（UNEP）が主たる準備を進め，1992 年に採択され，1993 年に国連環境開発会議（UNCED）での調印式と署名解放後に同年末に発効した．生物多様性条約は，生物多様性の保全だけでなく，持続可能な利用を目的として掲げている．これらの遂行のために，締約各国は，国家戦略（あるいは国家計画）の作成と実行が義務づけられている．また，先進国と開発途上国との間の協力や援助，遺伝資源の公正かつ衡平な配分なども重要な項目である．この条約に関して

[†] 有用性については，否定的な意見もある．たとえば，Montoya *et al.*（2017）*Trends. Eool. Evol.* doi: 10. 1016/j. tree. 2017. 10. 004

は，日本語でも多くの書に詳しい（たとえば，大沼 [4] など）．ここでは条約の各項目の内容については深く触れず，本書の論旨にとって重要な項目に着目する．

生物多様性条約の特徴としては，「生物多様性の保全と利用」を掲げていることである．人間活動により多くの生物が住み場所を追いやられ，個体数を縮退させている．産業革命後に人為要因により絶滅した生物種の数は，700 にも至ると言われている．このような状況ゆえに，人間活動による生物種の絶滅を回避し，数多の生物を保全しようとするのは，ある意味当然の流れとして生じたと考えられる．しかしながら，本条約は，ただすべての生物を囲い保護するのではなく，生物資源を利用することを念頭に置いている．

ここで考えるべきことは，人間社会は生物資源を利用せずには成り立たないという事実である．生物は，我々が日々の食事において摂取するものだということだけでない．人間社会が必要とするのは，薬や繊維，木材といった資源の供給に加えて，昆虫による農作物の送粉サービス（トマト栽培におけるマルハナバチによる送粉など），鳥による生物防除（人にとっての害虫の除去など）といった資源の直接的な供給ではない項目も無数にある．生物多様性条約では，これら自然からの恩恵「生態系サービス（**図 1.2**）」の利用を念頭に置いている．端的に述べると，人類が自然界の生物を著しく脅かしてきたからといって，生きとし生けるすべての生物を保護し保全しようというわけではない．あくまで，人間社会が生物資源を「持続可能な形で」利用することを念頭に，生物の多様性を保全しようとするのである．

─保全と利用のジレンマ─

生物種の保全と利用の関係性について具体的に考えるために，

生態系サービスと人間の福利の関係

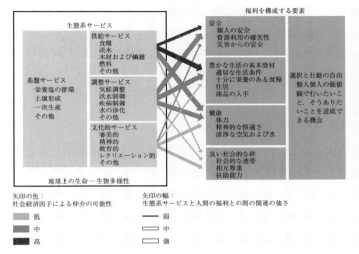

図 1.2 生態系サービスと人間の福利（豊かさや幸せ）との関係の概念図（MA 2005；環境省による翻訳）
ミレニアム生態系評価による生態系サービスの定義では，大きく分けて四つ，「供給サービス」，「調整サービス」，「文化的サービス」，そして，生態系を根本から支える「基盤サービス」に大別される．（出典：ミレニアム生態系評価報告書）

アフリカの大地に生息するライオン（*Panthera leo*）とクロサイ（*Diceros bicornis*）の事例を紹介したい．

　ここでは，「トロフィーハンティング」について考えたい．トロフィーハンティングとは，大まかに述べると，野生動物を狩猟し，はく製にしたり皮を剝いだりする趣味の活動である．食用のための狩猟ではない．スポーツハンティングという表現も見られるが，これをスポーツととらえるかどうかは個人の主観によるので，ここではトロフィーハンティングで統一して記載する．狩猟を表す「ハン

ティング」に「トロフィー」の語が付いているのは，狩猟の成果を剥製などの形で戦利品（＝トロフィー）として持ち帰るからである．

インターネットで「trophy hunting」の語を用いて画像検索すると，主に大型の野生哺乳動物を狩猟し，その遺体を伴って記念撮影した写真や，動物の頭部剥製が壁に掲げられている写真などが多数見受けられるだろう（Box 1.1 も参照されたい）．なお，トロフィーハンティングは非合法的に行われているわけではない．多くは，合法的な活動として，各地域の政府等の正式な許可のもとに行われている．トロフィーハンティングにより，西ヨーロッパやアメリカ合衆国などの先進国からアフリカ諸国にもたらされる経済的利益は，年間に2億米ドルを超すとも言われている [5]．

図 1.3 のライオンは，オックスフォード大学の研究グループが観察し追跡していた，セシル（Cecil）と名付けられたオスの個体である．黒く長い鬣を持つことで特徴的なライオンだった．おもにジンバブエのワンゲ国立公園にいたセシルは，研究対象として重視されていただけでなく，サファリを訪れる観光客の前によく姿を現すライオンとして有名だった．2015 年 7 月，とあるアメリカ人ハンターとそのガイドにより，禁猟区外において射殺され，毛皮が剥がされ首が落とされた状態で見つかった．頭部のない亡骸は，国立公園の境界からわずか 1 km も離れていなかったとされている．餌を使って禁漁区外におびき出されたと考えられており，この狩猟に関するさまざまな法的手続きは不完全だったことが指摘されている．なお，ハンター自身は合法的な手続きをガイド経由で行ったことを主張している．

この事件（セシル・ゲート事件とも呼ばれる）は，国際的に相当の注目を集めた．特にメディアやソーシャルメディアにおいて着目

1 はじめに―生物多様性について考え始める　7

図 1.3　議論の発端となった狩猟対象の有名なライオン，セシル（Cecil）
（写真：Paula French / Shutterstock）

され，トロフィーハンティングの禁止やトロフィーのアメリカ合衆国や西ヨーロッパ諸国への持ち帰り（輸出）を禁ずることの嘆願書には，100万人以上の署名が集まったとされている [6]．カナダ・カルガリーでは，トロフィーハンティングのエキスポが開催される予定だったが，会場ホテル前には多数の人が集まり，抗議デモが行われた（Global News[3]，CBC[4]）．その他にも，この狩猟に対する風刺画がソーシャルメディア経由で世界中に拡散されたり，合法的な狩猟であれトロフィーの空輸を拒否することを各航空会社が独自に始めたりと，トロフィーハンティングに対する非難の波は世界中に広がった．

　ここで着目すべきことは，セシルをモニタリングし，研究していたオックスフォード大学の研究グループのデイビッド・マクドナルド教授の意見である．マクドナルド教授は，厳しく規制されているならば，トロフィーハンティングは，アフリカの野生ライオンの保全にとって必要だと述べた（The Guardian[5]）．セシルの死は，個人的には驚きと悲しみをもたらしたが，それでもトロフィーハンティングという趣味がもたらす経済的利益と保全のインセンティブを

考慮すると，この残酷と捉えられがちな（だからこそ世界中で批判が集まっている）趣味の活動が，現状では必要であるとしている．

　野生動物を保全するために，野生動物を殺す．

　これは，ライオンに限ったことではなく，トロフィーハンティング全般に共通のパラドックスである．セシル以外でも有名な事例がある．2015 年，絶滅危惧種であるクロサイのオス個体を狩猟する権利がオークションにかけられ，35 万米ドルで落札された（CNN[6]；**図 1.4**）．この落札価格は，為替にもよるが，日本円に換算すると約 4 千万円になる．この狩猟はナミビア政府により正式に認可されたもので，トロフィーハンティングから得られる利益を，ナミビアの野生動物保全プログラムの財源とするというものであった．落札者はアメリカ人ハンターで，落札後，世界中からの非難を浴びた．落札者のハンターは，実際の狩猟の際にニュース専門放送局である Cable News Network（CNN）の撮影クルーを同行させ，その一部始終を撮影させた．その理由は，今回の狩猟が，血に飢えたアメリカ人の様子を見せるためではなく，絶滅の危機の淵にいる動物種を救うためには，現状のアフリカにおいて必要とされているトロフィーハンティングを世の中に知ってもらうためだと主張した（CNN[7]）．ハンターは，対象となったオス個体は老齢ですでに繁殖に貢献せず，若いオス個体を殺す可能性があるだけなので，この個体を狩猟しても，クロサイ個体群には何の不利益もないとも主張した．だからこそ，ナミビアの保全プログラムに貢献こそすれ，この絶滅危惧種の状況を悪化させることはないとの主張である．

　アフリカにおいてトロフィーハンティングの対象となり狩猟される個体のほとんど（2012 年の場合，96% 以上）は，普通種で絶

1 はじめに―生物多様性について考え始める

図1.4 CNNクルーにより撮影された，実際に狩猟オークションの対象となり殺されたクロサイ

(写真：CNN[7] より引用)

滅の恐れのない種である．一方で，トロフィーハンティングから生じる経済的利益の大半は，「Big Five」と呼ばれる象徴的な動物種である [7]．この5種は，ライオンとクロサイに加えて，ヒョウ (*Panthera pardus*)，アフリカゾウ (*Loxodonta Africana*)，アフリカスイギュウ (*Syncerus caffer*) である．シロサイ (*Ceratotherium simum*) もサイの1種としてクロサイとまとめて，「Big Five」として扱われることが多い [5]．**図1.5** に，象徴的な6種のトロフィーを示した．

これらの動物種は，長きにわたって乱獲の対象となってきた．クロサイやシロサイの角は薬用として重宝されてきたために，密猟や乱獲されてきた．アフリカゾウも象牙が工芸加工品の材料として重宝されてきたがために，長きにわたって乱獲されてきた．さらには，これらの野生動物は，ときに地元住民に危害を加えることもあることから，地元住民はむしろ密猟を歓迎し加担することもある．その結果，アフリカの多くの野生動物種は個体群を縮退させてきた．絶滅の恐れのある野生生物に関しては，現在はワシントン条約などにより，国際取引が禁止されている．しかしながら，象牙などに関してはブラックマーケットも存在することから，取引の規制だ

図1.5 トロフィーハンティングにおける Big Five
左上から時計周りに,クロサイ,シロサイ,ヒョウ,ライオン,アフリカスイギュウ,アフリカゾウ(写真:Fabio Lotti, Luke Reavley, Ondrej Prosicky, Maggy Meyer, Marion Smith, EcoPrint / Shutterstock).

けでは,これら動物種の密猟の防止には不十分である現状がある.

しかしながら,合法的な狩猟プログラムが開始されると,地元に雇用を創出しはじめ,得られる利益も地元に還元されるようになった.その結果,地元住民にはこれら野生動物を保護し,密猟者を自主的に取り締まる経済的な理由(インセンティブ)が生じるようになった[8].得られた利益の一部は,野生動物や自然環境の保全の

財源となり，その結果，これらの絶滅の恐れのある種の保全と回復にも貢献するようにもなった（[9]；**図 1.6**）．資本主義経済の仕組みの中で，いわば一部の個体を生贄のように差し出すことで，大半の個体を保全するという構図が出来上がってきたのである（経済的枠組みについては，大沼[4]に詳しい）．国際自然保護連合（IUCN）が 2016 年に発表した報告書[9]でも，トロフィーハンティングやトロフィーの輸入を禁止する政策を講じる際には，細心の注意を払うように強調している．この勧告書は，事実上トロフィーハンティングを肯定しており，相当のガバナンス強化などがなされない限り，トロフィーハンティングの禁止は野生動物種の保全にとって逆効果であると強調されている．

先進国側のメディアやソーシャルネットワークでの論調として

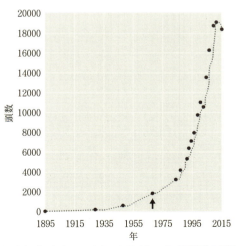

図 1.6 ナミビアと南アフリカにおけるシロサイ個体群の回復状況
矢印（1968 年）の時点で管理されたトロフィーハンティングが開始された．（[9]図 1 より引用）

は，セシル・ゲート事件やクロサイ・オークション騒動後，トロフィーハンティングは残酷であり，禁止すべきとの主張が強まった．一方で，関係するアフリカの開発途上国側では，先進国側ほどの拒否反応は見られなかった．むしろ，地元住民に無関係の生活を営んでいる遠くの人々が，地元への利益還元や野生動物との軋轢状況を顧みずに，狩猟プログラムに反対することに違和感や嫌悪感を示す人々もいた．野生動物をめぐる状況は複雑である．保全しようにも，地元住民にその理由がなければ，保全は進まない．いくら世界中のメディアが騒いでも，地元の実の声は異なるのかもしれない．

　ここでメディアではなく，国際学術誌上での論争を紹介したい．まず，トロフィーハンティングを禁ずることは，野生動物の生物多様性損失を加速させるとの主張がある [5]．欧州の研究者グループの主張によると，合法的な狩猟プログラムに伴う利潤の地元還元の不透明さや，保全基金への配分の少なさ，国によっては密猟を制限できていないことなど，現状での限界を理解しつつも，トロフィーハンティングの禁止に対して反対の立場をとっている．彼らの主張は，主に三つある．
　一つめは，開発途上国では，経済的理由から大規模な保全プログラムの維持には，食用・非食用を問わず野生動物の利用が必要なことである．エコツーリズムも地域経済に貢献するが，アクセスが容易な地域だけに限られるので，アクセスが困難でエコツーリズムが盛んではない地域にも，経済的インセンティブを生み得るトロフィーハンティングが必要とのことである．地元住民は，狩猟に伴う利益配分が十分になされる限り，密猟に反対し，野生動物の生息地改変を行わず，自然環境の保全に貢献すると期待される．逆に述べると，狩猟プログラムなしには生息地改変などが進み，多くの生物

の住み場所を奪うことにつながりかねないとの主張である.

次の主張は,エコツーリズムに比して,トロフィーハンティング
は環境負荷が少ないことである(カーボンフットプリントが小さ
い).トロフィーハンティングは,インフラストラクチャー整備の
必要性が低く(ゆえに,ほぼ生息地改変を行わなくて済む),その
上で地域経済への一人あたりの貢献度が非常に大きい.

最後の主張は,エコツーリズムを主体に考えると,野生動物個体
群を大規模に維持するよりも,観光客にとって魅力的な少数個体を
維持することに焦点を当てたほうが,投資利益率がよいことであ
る.トロフィーハンティングは,各野生動物種の個体群が十分に大
きく,狩猟が個体群に負の影響を与えがたいと判断される程度にし
か,狩猟が許可されない(実情はより不確実だが,理念はそのはず
である).大きな空間スケールにわたって,土地所有者や住民に保
全プログラムに参加してもらうためには,トロフィーハンティング
のほうが適しているとの主張である.

一方で,反対の意見が,米国・豪州・アフリカの研究者グループ
により述べられた[10].彼らによると,先の主張[5]は,主に生態
学と進化学の視点に欠けるとのことである.彼らは,トロフィーハ
ンティング自体が保全の基金を支えるために必要であることは否定
しておらず,トロフィーハンティングに完全反対の立場をとってい
るわけではない.しかしながら,この産業と保全プログラムにおい
て,生態系の複雑な事象に対する考慮が欠けていることを懸念して
いる.

彼らの主張はまず,ほとんどのトロフィー対象種は大型の草食動
物であるために,個体群の増大は,むしろ植生に対する過剰な食圧
をもたらし,地域の生物多様性に負の影響を与えうることである.
特に,一部の狩猟対象種だけを大規模に維持すると,共存する他の

草食動物の食べ物を奪いかねないと主張している．さらには，狩猟対象として好まれる種が選択的に保全され，狩猟対象として好まれない種が追いやられる可能性があることを懸念している．

つぎに，狩猟対象種が広範囲に導入されると，多種との雑種形成や病原菌の拡散などのリスクがあることが懸念される．狩猟区をフェンスで囲い込むことにも問題があり，その結果として，「生態系の分断化」，「食う—食われる（捕食被食）の関係性」や「植物と草食動物との相互作用」といった生態系プロセスの弱体化[11]も懸念されると主張している．

彼らは，長い時間スケールでも問題が生じ得ることも主張している．ハンターによって選択的に個体が狩猟されると，その種の存続と進化にとって重要な特性が奪われかねない[12]．たとえば，ハンターにより大きなサイズの個体のみが好まれ，個体群から失われるとする．そのような個体は環境変化や病気に対する耐性が高く，種の維持にとって必須の特性を持つ可能性があるので，種全体の存続と進化にとって負の結果をもたらしかねないと懸念している．彼らはさらに踏み込んで，狩猟対象となる種がハンターにとって好まれる特性（たとえば，大きな鬣を持ったライオンなど）を持つように，育種・品種改良のような個体群の遺伝構造に対する人為的な介入がなされることも懸念している．

上記のように，研究者の間でもトロフィーハンティングの是非については，意見が分かれている．前者の意見は，主に地域経済との関連を主軸に地元住民の保全に対する意識を考慮しており，後者はより生態学的な考察を行っている．どちらが正しいとは言い切れず，両者の主張にも説得力があるように思われる．これは，前者がより経済や政策といった，どちらかと言えば社会科学よりの立場を取っており，後者が生物の種間相互作用，繁殖やひいては自然淘汰

や進化など，自然科学よりの事象に主眼を置いているためかもしれない．また，前者の主張は主に密猟対象となりやすかった一部の野生動物種の保全を念頭に置いている一方で，後者の主張は，狩猟対象となる種以外の生物種やそれらを含む生態系プロセスにも着目している点で大きく異なる．

なお，両者とも，ある意味，地元経済や社会とは切り離されたところで暮らす研究者である．実際の現地に根差した立場の研究者の主張も聞きたいところだが，開発途上国ということもあり，なかなかに難しい．トロフィーハンティングを巡っては，生物種の保全と利用の間のトレードオフやジレンマが際立つ事例ではあるが，学際的な議論が先進国の研究者の間だけで行われていることにも，また異なるパラドックスを感じる人もいるだろう．

トロフィーハンティングは推進すべき／まったくやめるべきといった二者択一的な議論では，状況は打破されないと思われる（筆者の意見については，**Box 1.1** を参照されたい）．その他の生物多様性を巡る問題や生態学の基礎的課題を巡っても，二者択一的には答えを選べないにもかかわらず，議論が二分されている課題がたくさんある．これは特に生態学に限ったことではなく，実際の世の中でも，同様の状況がたくさんある．意見の多様性があることも健全な社会の維持には必要であり，意見を完全に統一化する必要性はないだろう．生物多様性を巡る議論では，多様な意見がぶつかり合いながら，生物多様性の保全と利用を持続的に進めるための試行錯誤が続いていくことだろう．

トロフィーハンティングを巡る状況の最後に，新たな情報を提供する．セシルが狩猟対象となった後に，彼の子は群れの中で新たな王に排除されることなく一員として過ごしてきた．しかしながら，2017 年 7 月，6 歳となった息子のクサンダ（Xanda）がトロフィー

Box 1.1　生物へのまなざしの違い

　筆者は，とある高等学校で生物多様性について講義をする機会を得た．高校生には，生物多様性はほとんど認知されておらず，色々な生き物がいることくらいの認識であった．そこで，生物多様性とは何か，多様性な生物がいることの社会にとっての利益や，生物を保全する理由などについて説明した．

　その場で，セシルの例をもとに，トロフィーハンティングについて語った．トロフィーを伴ったハンターらの記念写真も映写した．そして，グループで議論をしてもらった．本文でも触れたが，トロフィーハンティングが対象生物種の個体群の回復に甚大な役割を果たしてきたことは，さまざまなデータが示している．地域住民や先住民に対する経済的なインセンティブを生み出し，保全を進めていることは事実である．これらの状況を理解したとしても，高校生には野生動物を趣味のために（言い換えると快楽のために）殺害することに感情的に相当の抵抗感があるように思われた．その中で問われたこととして印象的だったことを列記する．

　日本人も釣りを行う．大物が釣れた際には，「戦利品」を伴って記念撮影もする．まさに，アフリカのトロフィーハンティングと状況は同じである（**図 1.7**）．このことが議題に上がった．そこで高校生たちに問いかけてみた．釣りはどう思うのか？　食用を目的とせず魚拓をとるだけの（スポーツ）フィッシングであったとしても，ライオンのトロフィーハンティングとは異なり，大半の学生が嫌悪感を示さなかった．なぜだろうか？　魚と哺乳動物では何が異なるのだろうか？　魚には痛覚がないと思われているからだろうか？　端的な答えとしては，釣りには馴染みがあるからである．文化的に慣れているからである．たとえ食用としない釣りであっても，魚に対して，哺乳動物ほどのシンパシーを感じないようだった（**図 1.8**）．

　これは，日本人の捕鯨に欧米人が嫌悪感を覚えるように，日本人には欧米人の狩猟の文化が理解できないといった状況のようにも思われ

図 1.7 セオドア・ルーズベルト（第26代米国大統領）が1910年にアフリカで行ったハンティングの様子
（写真：Everett Historical / shutterstock）

図 1.8 ある釣り人のトロフィーとの記念写真
（写真：Bukhta Yurii / shutterstock）

た．日本人にとっては捕鯨もマグロ漁もそれほど大差がないかもしれない．一方で，欧米人にはこの両者に雲泥の差があるのかもしれない．これは感覚的なものであり，文化的背景の違いによるところが多いと思われる．そう考えると，昆虫採集なども社会の中で許容されている．動物を殺し飾るといった点では，昆虫標本箱も大型動物のトロフィー剝製も大差ないのかもしれない．しかしながら，前者に比して後者で背徳感を強く感じるのはなぜだろうか？ 同じ哺乳類として，野生動

物のほうがやはりシンパシーを覚えるからだろうか？

　この議論の中でさらに考えた．そもそもトロフィーハンティングの枠組みは，確かに地域経済に貢献し動物種の保全に貢献するかもしれない．それほどに，トロフィーハンティングには，利用者（ハンター）から巨額の費用が払われているのである．Big Five に至っては，先進国の大半の人々が払える額ではないだろう．そこまでして狩猟を行いたい何かがあるからこそ，一部の富裕層から開発途上国における保全基金が支えられている現状もある．もしも，狩猟が行われる国・地域が先進国であったとしたならば，このようなプログラムに頼らずとも絶滅の恐れのある生物種の保全活動が進むだろう．

　この問題には，当該地域が開発途上であることも少なからず関わる．仮に経済格差が埋まれば，西側諸国からアフリカの国々へトロフィーハンティングを介したお金の流れがなくとも，野生動物の保全は自力で進められるかもしれない．経済的に発展途上でなければ，密猟や乱獲もそれほど横行しないだろう．つまり，野生動物の危機的状況もそれに対処するためのトロフィーハンティングも，経済格差の現状に問題の根源があると考えられる．言い換えると，トロフィーハンティングに基づく保全プログラムの推進は，ともすれば問題の現状に絆創膏を張るだけの，いわば対症療法なのかもしれない．そして，原因療法としては，対象国・地域の経済発展が必要なのかもしれない．

ハンターにより殺害されたことを，オックスフォード大学の研究グループが報告している（The Telegraph より[8]）．このハンティングの詳細は現時点（2017 年 8 月）ではまだ不明だが，少なくとも今のところ違法性は認められていない．しかしながら，セシル・ゲートと評される一連の騒動とトロフィーハンティングに対する世間からの強い嫌悪感があったにもかかわらず，大金を投じてセシルの子を狩猟し，トロフィーを持ち帰ったというハンターの行動からは，トロフィーハンティングに対するニーズが強く根付いていることを

示している.

―生物の保全と生物多様性の保全―

生物多様性条約では,生物多様性の保全と利用を重視している.
保全と利用の間にはトレードオフの関係性が常に内在する.一部の
個体を狩猟することを合法的に認めることで,他の大多数の個体と
その子孫たちの存続を助ける.このようなトロフィーハンティン
グの実情は,保全と利用の間のジレンマを明確に示している.一方
で,このような「生物の保全」と生物多様性条約などで頻繁に強調
される「生物多様性の保全」との関係性について,今一度整理して
考えたい.

生物の保全というと,象徴的な種に目が行きやすい(**図1.9**).た
とえば,世界的な自然保護NGOである世界自然保護基金(WWF)
のロゴは,ジャイアントパンダ(*Ailuropoda melanoleuca*)であ
る.このことが暗示するように,大型の哺乳類の種は,「アイコン」
となりがちである[13, 14].トロフィーハンティングを巡るメディ
アや研究者間の議論の状況からも,象徴的な種への関心の高さが随
時窺い知れる.アフリカの野生生物が密猟対象となり個体群を縮減
させたことが,保全プログラムの必要性を生んだ.地元経済と保全
基金を支えるために,合法的に管理された狩猟プログラムが行われ
るようになった.繰り返しになるが,トロフィーハンティングのプ
ログラムが,狩猟対象の野生動物種の個体群を回復・保全させるに
おいて効果的である[9].先述の研究者間の議論でも,このことは
前提の上での意見衝突である.それでは,社会からの関心や注目度
の高い種の保全が,生物多様性の保全といった文脈の中でどれだけ
優先されるべきことなのだろうか?

象徴的な種は,生態系の中で果たす役割が大きいことが多い

図 1.9 象徴的な種の例

左：ハイイログマ（*Ursus arctos horribilis*）の親子（カナダ・ロッキー山脈にて撮影：秋山裕司）．グリズリーベアと表記されることも多い．右：エゾフクロウ（*Strix uralensis japonica*）の幼鳥（北海道・知床にて撮影：森 章）．多くの国や地域において，クマやフクロウの保護は重要な関心事項である．

[14]．たとえば，大型の野生動物は，生態系の中で一個体あたりの影響力が，他の生物種に比べて大きい．特に，クマやオオカミ，猛禽類のような高次消費者の種（食物連鎖の頂点にいる種）の役割は，生物相に対する影響が相対的に大きいことがよく知られている[13]．また，ビーバーも，多くの団体のロゴで見かけるが，生態系エンジニアとしての重要な役割が知られている[15]．これらの象徴的な種は，確かに生態系にとって相対的な重要性が高く，これらの種自身が生物多様性の一部を成すだけでなく，生物多様性全体を支える鍵ともなっている．

　しかしながら，生物多様性の保全の文脈では，「多様性」の語が，いつの間にか文脈から消えて無くなっていることがしばしばある．たとえば，先のトロフィーハンティングを巡る研究者間の議論では，前者[5]の意見は，狩猟対象となっている象徴的な種（図1.5）の保全を念頭に置いている一方で，後者[10]の意見では，狩猟と

は直接関係のない生物種に対する配慮をも含む．どちらが，より「生物多様性」という文脈に沿っているのだろうか？

　トロフィーハンティングでは，象徴的なごく一部の種が大半の経済的利益を生みだしている．狩猟プログラムの是非を問わず，これらの象徴的な種が，保全に係る関心の大半を集めていると言えるだろう．これらの種の保全の必要性についての是非を問うているのではない．ここで考えたいことは，象徴的な種の保全は，生物多様性の重要な要素を守ることになる一方で，それだけで生物多様性の保全を成し得ていると言えるのだろうか？　言い換えると，生物多様性保全において，特定の生物種の保全は必要条件である一方で，十分条件とは言えない．社会の中で，いつの間にか象徴的な種の保全が，生物多様性の保全と同義語になってしまっている感があることは否めない．これは，生態学に関わる研究者の間でも見られる．

　たとえば，先の論述 [5] のタイトルは，「トロフィーハンティングの禁止は生物多様性損失を激化させる」といったものであった．しかしながら，その論述の大半は，生息地への配慮など一定の生態系全体への配慮こそあれ，合法的な狩猟プログラムがいかに地域経済の活性化と狩猟対象種の保全の両立を成し得るのかであり，「生物多様性」そのものに対する言及があまりに少ない．一部の象徴的な生物種の保全はしばしば社会的に重大な関心事項であり，生物多様性保全に内包される事象ではあるが，生物多様性の保全を完全に体現している訳ではないことに留意したい．

―人間社会と生物多様性―

　ここで，個々の種の保全と利用という文脈ではなく，種の豊富さが人間社会にもたらす影響について考え始めたい．そこで，いくつかの例を紹介する．

まずは，ヒトの健康にまつわる話である．フィンランドで行われた研究によると，生物多様性とアトピー罹患との間に関係性があることが示された [16]．この研究は 14 歳から 18 歳の学生を対象に行われた．居住する場所の周囲環境の多様性が高いほど（この場合，周囲の土地利用の多様さと庭の維管束植物の種数が計測された），肌に生息するガンマプロテオバクテリアという医学的に重要な細菌類の遺伝的多様性が高まり，結果として，免疫システムを高めることが分かった．プロセスはやや難解だが，要約すると，庭に咲く花の種類が豊富で多様な自然環境に育つ学生ほど，免疫力が高まり，健康であるとの報告である．

つぎに，アフリカからの報告を紹介したい．**図 1.10** は，ナミビアを対象に実施された研究 [17] の結果である．大型の野生動物の種数が高いほど，地域収入が上がるというものである．理由としては，トロフィーハンティングとエコツーリズムの双方による効果である．多くの野生動物種がいるほど，これらのために外貨が地域に流れてくる．あくまでハンターにとって魅力的な種（先述の Big Five）による効果が大きいものの，その効果を除去しても，種数が高い地域ほど狩猟プログラムによる収入が高まることが分かった（1 種増加するごとに，平均で約 3 千米ドル以上の地域収入の増加が見込まれる）．エコツーリズムに関しても，立地の影響が大きいが，その効果を除去しても，野生動物の種数が大きいほど収入が増加することが分かった（1 種増加するごとに，平均で約 2 千米ドル以上の地域収入の増加が見込まれる）．この研究の重要な点は，種数という生物多様性による効果を検証したことである．つまり，特定の生物種を選択的に保全するだけなく，野生動物の種数そのものを高めることにも，経済的な意味があることを示した点で興味深い．ただし，特定の種による効果はやはり大きく，トロフィーハンティン

1 はじめに―生物多様性について考え始める　23

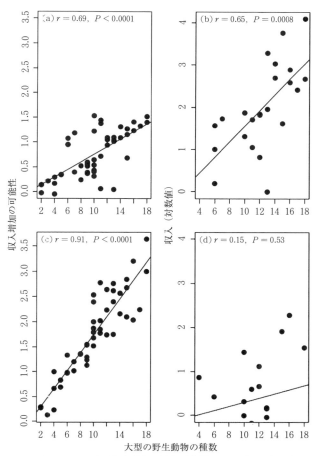

図 1.10 ナミビアにおける大型野生動物の種数(横軸)と地域収入(縦軸)との関係性

左が収入増加の可能性を,右が実際の収入を示す.上がトロフィーハンティング,下がエコツーリズムによる結果である.([17]図3より引用)

グの場合，この増加する 1 種が Big Five であると 1 万から 2 万米ドル／種の収入増加となり，エコツーリズムの場合，クロサイがいると 11 万米ドルの収入増加となる．以上の情報を鑑みたとき，生物多様性としての種数の豊富さを保全すべく幅広い種の保全を考えるべきか，収入増加に直結する特定の種を優先的に（あるいは選択的に）保全すべきか，考えるべきことが多い．

ここまでで，生物多様性と人間社会との関係性を巡るいくつかの事例を紹介してきた．まだまだ不確実なことが多いが，生物多様性を保全する理由として，倫理的な価値観を含む，いわゆる自然保護観によるところの必要性だけでなく，人間社会にとっての都合，言い換えると，実利的あるいは功利的な必要性も含めた理由も浮かび上がりつつある．健康にとってよい効果があると分かれば，生物多様性に対する関心をより多くの人が持つかもしれない．あるいは，経済的な損益に関わるとなれば，生物多様性についてより具体的に考えたいと思う人が増えるかもしれない．

実際に，世界の多くの地域が資本主義の仕組みの上に成り立っており，先進国と開発途上国の関係も，経済的なつながりを中心に成り立っている．それゆえに，生物多様性の保全ということを考えるときも，経済的な枠組みを無視して議論を進めることはできない．なお，生態系や生物多様性の保全を取り巻く状況における経済の枠組みについては，国連環境計画を主体とする「生態系と生物多様性の経済学（TEEB)[9]」に詳しい [18]．

生態系の保全を巡る課題は，必ず人間社会と自然との関わり合いの問題となる．ゆえに，生態系と人間を切り離して考えずに，人間社会もシステムの一部であると捉える「社会・生態システム」の考え方が広まっている [19-21]．かつては，「自然」の語は，人間社会による影響がないことを暗に意味していたと言われている [22]．し

かしながら，人間社会が生態系に介入し，絡み合い，そして甚大な影響を与えていることがより鮮明になるにつれ，両者を切り離して考えることには無理があると考えられるようになった（社会・生態システムについては，森 [23] も参照されたい）．生物多様性に脅威を与えているのは人間活動であるが，それは人間社会が生物多様性からの恩恵なしには成立し得ないからとも言える．つまり，生物多様性は保全しつつ利用する必要がある．

　生物多様性という，いわば曖昧で抽象的な概念をできるだけ定量的にそして客観的に評価することが求められている．多様性の語が表すように，画一的な評価基準は設けずに，多様な評価基準があるべきだろう．しかしながら，ある程度，統一した評価方法なり基準なりがないと，異なる地域や国をまたいで，生物多様性の議論ができないことも事実である．

　現在進みつつある地球規模の温暖化により，多くの生物種が住み場所を追いやられつつある．WWF ジャパンは，この現状を伝えるために，2016 年に絶滅のおそれの高い野生生物として IUCN の「レッドリスト」に加えられた，コアラ（*Phascolarctos cinereus*）とトナカイ（カリブー：*Rangifer tarandus*）に着目をした広報活動を展開している[10]．これは，象徴的な種の現状を伝えることで，気候変動による生物への影響について，社会的認知を促すことが目的だと思われる．見方を変えると，分かりやすい一部の種に頼らなければならないということは，それだけさまざまな生物の営みや生物間の相互作用（関わり合い）で包括的に成り立つ生物多様性という概念がいかに伝え難いかを暗示しているようにも思われる．

　本書では，これらのことを念頭に，生物多様性についての基礎的概念から，人間社会との関わり合いまでを順次述べていきたい．

生物多様性の多様性

　「生物多様性」という言葉を耳にする機会が増えてきた．しかしながら，その示す意味がどれだけ社会に浸透しているのだろうか？言い換えると，社会における言葉そのものの認知度に対して，その意味するところは限定的にしか知られていない．そもそも多様性の語が示すように，生物多様性の解釈にばらつき，多様さがあることは，当然のことである．ここで強調すべきことは，生物多様性に対する関心や理解が偏っていることである．

　生物多様性は，英語で表記すると，「biodiversity」である．「生物の」「多様性」という意味で，「biological」「diversity」をまとめ短縮した造語である．生物学上の多様性という意味であり，多様性の言葉が表す通り，一義的には定義できない「多様な」意味を持つ，いわば曖昧な概念である．本質的に曖昧さを含み持つ表現である生物多様性だが，この言葉はどれだけ社会の中で，その意味するところの多様性が認知され，許容されているのだろうか？　第2章では，まさに多様な定義と解釈の存在する生物多様性について，概

② 生物多様性の多様性　27

説したい.

2.1　生物多様性とは？

　現在，国・地方の自治体や省庁，研究機関，教育機関，企業，非営利団体，環境保護団体，さまざまな団体から個人に至るまで，異なる立場の方々が生物多様性の言葉を用いる．多くのメディア媒体でも見受けられるこの言葉だが，その意味するところは何だろうか？　たとえばインターネットなどで見かける「生物多様性とは？」の解説では，「さまざまな種の生物がいること」と頻繁に述べられている．種というもの自体の定義がいまだ曖昧であること（後述）はさておき，この多種が存在することという表現は，生物多様性の意味するところのなかでは，最も理解されやすいものである．しかしながら，種数は生物多様性の重要な指標である一方で，絶対的指標ではない（興味のある方は，Magurran and McGill [24] や宮下ほか [25] も参照されたい）．

　生物多様性の保全という観点から考えてみる．各地域に存在する生物の種が何らかの人為的な影響で減少することは，いろいろな価値規範や判断基準に照らし合わせてみても望ましくない．たとえば，乱獲や土地開発などの原因により，ある地域に生息する鳥類の種数が，10年間で30種から15種へと減少したとする．この場合，「種数」という多様性指標からは，その地域の鳥の群集（異なる種の集まり）の多様性は半減したと言える．しかしながら，このような数値的評価だけでは，生物多様性がどれだけ減少したのかを定量的に評価したとは必ずしも言い切れない．

　たとえば，異なる種の鳥をその特性（機能形質と言われる）から評価する．食べ物のタイプで大まかに分けると，果実食の種，蜜食の種，昆虫食の種，雑食の種などに分けることができる．果実食の

種は植物の種子散布に，蜜食の種は植物の送粉に，昆虫食の種は生物防除に，それぞれ貢献する鳥である [26]．生態系のなかで，機能形質に応じて，それぞれの種はそれぞれの役割を持っているとも言える．それゆえに，たとえば 10 年前と現在とで，種数がそれぞれ 8 種と 8 種といったように変化を示していない地域があるとする．10 年前の 8 種にはさまざまな機能を持った種がいたにもかかわらず，現在の 8 種は果実食ばかりになっている場合がある（**図 2.1**）．このような場合，種数という観点からは生物多様性は減少していないが，機能形質から見た「機能的多様性」という尺度からは，生物多様性は減少している．機能的多様性の減少の結果，その地域の生態系からは送粉や生物防除に関する自然の働きが大きく損なわれている可能性がある．このように生物多様性を測るモノサシを変えると，生物多様性の現状評価は大きく異なってくる．生物多様性には，非常にたくさんの，多様な評価方法がある．そして，それぞれの生物多様性の意味にも多様性がある．これが，本書が「生物多様性の多様性」と述べている所以である．

　種数の豊富さであれば，熱帯雨林（**図 2.2**）は他の生物群系（バイオーム）に比して抜きんでている．実に熱帯雨林は，地表面積の約 6-7% を占めるにすぎないが，陸域の全動植物種の 50% 以上（Rainforest foundation[11]；Nature Conservancy[12]），あるいは既知の種のうちの約 80%（WWF[13]）を有していると言われている．

　一方で，気候的に対極に位置する極圏や高山帯のツンドラ（図 2.2）では，多くの生き物にとっては環境条件が厳しく（低温，乾燥，強風，冬の長さなど），また最終氷期の影響も残ることから，生育する種の数が限られている．それでは，たくさんの種が生育する熱帯雨林のほうが，極地のツンドラよりも生物多様性の保全における優先度が常に高いのだろうか？　あるいは，種数で他地域を圧

② 生物多様性の多様性　29

図2.1　鳥類の機能的多様性

上図では，異なる機能を持った鳥が共存している．下図では，果物を食べる鳥のみに変化した．背景の植物に関して，葉（雑食）虫つきの葉（昆虫食）果物のなる木（果実食）花（蜜色）を象徴している．下図では，果実食の鳥ばかりに変化したために，背景の植物が一斉に変化した．（絵：前田瑞貴）

図2.2 異なるバイオーム
左:ボルネオ島キナバル(北緯約6度)の熱帯雨林(写真:岡田慶一)右:カナダ・エルズミア島(北緯約80度)の極砂漠(写真:森 章)

倒する熱帯林を保全すれば,生物多様性保全の目標の大半を成し得ることになるのだろうか? このような考えは,多くの場合否定されるだろう.念のために述べると,熱帯雨林の保全を軽視しているわけではない.熱帯雨林はとても多くの生物種を育み,多様性の言わば「ゆりかご」として重要である.ここで強調したいことは,種数というものが,生物多様性のすべてを表現し得るわけではないということである.

生物多様性条約では,「生物多様性の保全」,「生物多様性の構成要素の持続可能な利用」,「遺伝資源の利用から生ずる利益の公正かつ衡平な配分」を目的としている.生物多様性を保全することを大前提に,そのうえで生物多様性を恒久的に利用し,かつ利益を得ることを念頭に置いた条約である.日本はこの条約の締約国であり,条約に基づき「生物多様性国家戦略」を策定している.生物多様性条約や生物多様性国家戦略については,多くの媒体で解説されているので,詳細についてはそれらを参照されたい(環境省自然環境

局[14]；WWF ジャパン[15]）．

　生物多様性の減少傾向を憂慮し，解決策を模索するための枠組みとして，条約や国家戦略がある．それらでは，「生態系の多様性」，「種の多様性」，「遺伝子の多様性」という三つのレベルでの多様性が強調されている（**図 2.3**）．なお，種と遺伝子の多様性は，それぞれ種間と種内の多様性と表現されることもある．これら三つの定義のうち，先に述べた種数の概念は，種の多様性に相当する．このことからも，種数が生物多様性を評価する指標の一つに過ぎないことがうかがい知れる．

　異なるレベルの多様性に焦点を当てると，生物多様性とは，「さまざまな生態系が存在すること，また生物の種間及び種内にさまざまな差異や相互作用が存在すること」と定義される（環境省・生物

図 2.3　三つのレベルの生物多様性
外枠が景観の多様性，中枠が種の多様性，中心枠が種内の多様性を示す．種内の多様性はカモメの羽の模様の違いによる表現型の違いにより示す．（絵:前田瑞貴）

多様性及び生態系サービスの総合評価報告書[16]）．三つのレベルの多様性の定義は，それぞれ排他的なものではなく，相互に関連している．たとえば，種の差異はそもそも遺伝子の違いによるので，遺伝子の多様性は必ずしも種内の多様性だけをもたらすのではない．生態系の多様性は，異なる環境条件をもたらすことで，異なる生物の種や集団に生育場所を提供するために，種間や種内の多様性に貢献する．各々のレベルにおける多様性とそれらの相互関係について，これから少しずつ解きほぐしていきたい．

2.2 生態系とは？

　生物多様性は生態系に存在する．生態系は，奥山の原生的な場所かもしれないし，都市に存在する緑地や街路樹から成る場所かもしれない．生物多様性の保全という観点からは，危惧種や象徴種を中心とした種レベルでの保護だけでなく，生態系に存在する数多の生物の存在や，それらが織りなす自然本来のプロセスを保全することの重要性が次第に認知されてきている（エコシステムマネジメント：森 [23] に詳しい）．生物多様性について考えるとき，生態系というものが何なのかをまず考えたい．

　「生態系の多様性」とは，生物の生息する場の多様性のことである．たとえば，相観と呼ばれる外観的な定義によると，森林，草原，河川，岩礁，海岸，深海などといった異なる場は，異なる生態系として捉えられる．さらに気候帯や地域によって，場の区分は細分化されていく．たとえば森林は，熱帯雨林，熱帯季節林，照葉樹林，夏緑樹林，温帯雨林，北方林などといった異なるバイオームに区分される（**図 2.4**）．さらに細分化すると，たとえば北方林は，中緯度の高山帯付近に成立する針葉樹林と高緯度地域の森林限界付近に成立するものでは，様相が大きく異なる生態系となる．焦点を当

図 2.4 異なる森林バイオーム（写真：森 章）
左：タイ・クラビ県の熱帯林，中：静岡県の照葉樹林，右：アメリカ合衆国・ワシントン州の温帯雨林．

　てる空間スケールをさらに絞ってみると，同じ針葉樹林の中でも，その中には倒木や樹洞の中で主に成り立つ，小さな異なる生態系がある．このように，生態系には階層性があり，生態系の空間スケールを一概に決めることは難しい．なお，複数の生態系をまとめたものを景観と呼ぶ．何をもって景観とするのかは，同様に定義が難しい．実際には，観察や研究，あるいは行政上の管理など，さまざまな目的や事情に応じて，生態系や景観の定義は変化する．

　さらには，生態系は時間変化する．多くの生態系の変化は緩やかで，人間の目には止まっているように見えるかもしれない．そのため，人間社会の視点からは，目の前にある自然の様相が唯一無二の自然本来の姿であると考えられがちである [27]．実際には，生態系は変化し続けるものである（しかしながら，自然に生じる変化をよしとするか否かは，ときに人間社会の都合で変わる：**Box 2.1** を参照されたい）．長い目で見れば，同じ場所であっても，異なるバイオームすら成立する．たとえば温帯域では，氷河後退後の荒原はやがて草地になり，長い時間を経て発達した森林になる [28]（遷移という）．あるいは，アフリカのサハラやサヘルといった砂漠も，かつては植生や湿地に覆われ，湖が存在していたことが知られている [29]．ゆえに，空間的な場所だけで，場としての生態系を定義することにも，しばしば困難がある．

一つの生態系を時空間的に定義することは難しい．生態系を定義することの難しさが，生態系の多様性といった事象を曖昧にし，その理解を妨げているのかもしれない．生物が住む環境が時空間的に異なり，変化するからこそ，数多の生物が住み場所を見出し存続できる．そして，それら競争や繁殖といった生物間の関わり合いの結果，新たな個体や種が生み出され，遺伝子や種，それらの集まりとしての生態系としての多様性が紡がれていく．

Box 2.1　自然のプロセスに対する社会の向き合い方

図 2.5 の中心にある湖は，カナダの自然保護の象徴的存在であるレイク・オハラである．ロッキー山脈のヨーホー国立公園にあり，観光客やハイカーにとって非常に人気の高い場所である．その人気の高さゆえにオーバーユースが懸念され，湖への自家用車乗り入れは禁止され，シャトルバスの定員もごく少数に制限されている．

レイク・オハラのある植生帯は，亜高山帯針葉樹林帯に属する．標高が高いために，積雪期が長く夏が短い．そのために，比較的に湿潤な植生が成立している．しかしながら，数百年に一度の乾いた夏がやってくると，山火事が生じる．数百年かけて発達した植生だけに燃料

図 2.5　カナダ・ヨーホー国立公園のレイク・オハラ
（写真：森 章）

となる木々がたくさん生い茂っている．そのために，山火事は大規模な広がりを見せる．

21世紀に入ってすぐにレイク・オハラに隣接する国立公園で大規模な山火事が生じた [30]．山火事は約1万5千ヘクタールにもわたって広がり，見渡す限り焼野原が広がるようになった．高山・亜高山の植物が咲き乱れ，サルオガセの垂れる針葉樹が広がる，そのような景色はなくなった．その結果，観光客は激減してしまった．レイク・オハラでも自然のサイクルとして，このような大規模な山火事は普遍的に起こる．昔に山火事があったからこそ，現在の景色が成り立っているとも言える．それでは，観光客に人気で，自然保護の象徴でもあるレイク・オハラが焼け野原になることを，地元住民や国立公園局は許容できるのだろうか？

カナダを含む北米や豪州では，かつて不必要に山火事抑制を行ってきたという生態系管理上の大きな失敗がある．さまざまな地域において，撹乱抑制による政策的失敗が生じたことは，よく知られている [31, 32]．ゆえに，現在では，自然に生じる山火事などの撹乱イベントはできるだけ自然の摂理に任せるという原則がある [23]．

それでも，レイク・オハラを含むいくつかの場所だけは特別に捉えられていると感じる．これまで幾度かカナダ国立公園局の管理地やデータを利用して研究を行う機会を得た．その中で，レイク・オハラなどの象徴的な場所だけは，いくら自然の摂理とはいえ，広大な山火事跡が広がる景色に変えたくはないとの印象を得た．ロッキー山脈の国立公園群が重要な観光資源であり，外貨獲得のための資源である以上，いくら生態系に普遍のプロセスでも，たとえ短期的な展望であったとしても，本来起こる大規模な山火事は許容しないという，ある意味ご都合主義の現状を垣間見た．この地域では，山火事は生物多様性を支える源である．このことが認識されつつも，本音では観光資源としての重要性が勝るのかもしれない．自然というものに対する社会の向き合い方を考えさせられる事例である．

ここで今一度「生態系」について考えたい．生態系（エコシステム）とは，生物とそれを取り巻く非生物的な環境からなる「システム」である [33]．システムとは，相互作用をする要素から構成される．システムでは，各構成要素は，他の要素に影響を及ぼし，他の要素から影響を受ける．そして，要素間の相互作用の結果として，時空間的に変化していくものである．なお，この定義に基づくと，人間社会も個人と個人が影響を及ぼしあうシステム（社会システム）である．システムでは，要素間の相互作用により，複雑な「プロセス」が存在し，変化は常と考えられている．生態系における要素間の相互作用は，生物の個体間，生物の種間，あるいは生物と環境条件との間で生じる．

システムとしての生態系とそこで生じるプロセスについて述べるために，唐突ながら，筆者が大学院生の頃より研究対象としている亜高山帯の老齢樹林に思いを馳せたい（**図 2.6**）．

鬱蒼とした森林では，陰樹と呼ばれる暗い環境でも生育できる樹木の稚樹・実生（小さな幼木や芽生えのこと）が，植物にとって必須の資源である光が乏しい中で耐え忍んでいる様子がうかがえる（図 2.6）．この場合，森林の上層にいる樹木個体という要素が，下層にいる小さな幼木個体という要素を被陰すること（光を遮ること）で，影響を与えている（一方向的な競争効果と呼ばれる）[34]．小さな樹木はやがて成長し，森林上層に到達し，下層の別の小さな樹木といったさらなる要素に被陰を介した影響を与え始めるかもしれない．被陰された小さな樹木は次第に枯死するかもしれない．枯死した樹木は動物や菌類といった分解者という生態系の別の要素によって土壌に還される．樹木が土に還る長い過程ではさまざまな分解者が入れ替わりやってきて，樹木個体の細胞や組織を粉砕し分解し，無機化していく（図 2.6）．樹木個体に含まれていた炭水

図 2.6 御嶽山の亜高山帯林
鬱蒼とした森林の下層では,光が限られた中でも精一杯に生育する針葉樹の稚樹群が見られる.林床では,落ち葉などが堆積し,時間をかけて朽ちていく.(写真:森 章)

化物や栄養塩(窒素やリンなど)は,次第に土の中で次なる樹木個体を支える養分となり森林における樹木の世代交代を促す.

　生態系は,生物の生存や成長,死亡,世代交代,食物連鎖や遷移,栄養塩の循環などといった数多のプロセスの積み重ねの結果として,動的に維持されている.これらのプロセスは,環境による影響を受ける中で変化するものである.生態系のプロセスが環境要因に応じて変化すると,優占種の交代などの形として生態系の主たる

構成要素や構造，そしてプロセスそのものが変化する [23]．

　生態系に変化をもたらす要因は，生態系の内外に多く存在する．上述のような生物の世代交代や種の移り変わりといった内部要因，あるいは，気候をはじめとする環境条件の変動や自然撹乱（火山の噴火，台風，山火事，津波など）といった外部要因が，生態系を画一的なものにとどめず，さまざまな変化を生み出し，多様化させる．このようなプロセスがあるからこそ，生態系は変異し，場の多様性をもたらしている．

　それでは，生物の躍動する場である生態系に影響をもたらし，生態系の多様性を変化させる要因について考えたい．自然要因としては，最も大きな影響を持つものの一つとして，気候変動が挙げられる．先述したアフリカ大陸のサハラの場合，過去数千年間の温暖化に伴う乾燥化の中で植被が減少してきた．降水量が減少していく中で，ある閾値を超え突然に砂漠化を起こしたと考えられている [35]．サハラの砂漠化のプロセスには，さまざまな見解があり異論があるが [36, 37]，現在のいわゆる人為的な地球温暖化ではなく，完新世の自然変動としての温暖化・乾燥化の中で，植生や湖沼が砂漠という別のバイオームへと推移したと考えられている．

　数多ある環境変動の要因の中でも，現在最も生態系に影響をもたらしているのが，人間活動である [38]．人為要因による気候変化（いわゆる地球温暖化），土地改変，汚染などは，生態系そのものの構造や機能を著しく改変し，生態系の多様性を損なう要因となる [39]（**図 2.7**）．人間活動の影響は，あらゆる生態系に及んでおり，もはや人間活動は，生態系とは切り離して考えられるものではない．そのために，自然のシステムとしての生態系と人間システムである社会システムを統合したものとして捉える，社会・生態システムといった考え方が台頭しつつある（第 1 章でも概説した）．

図 2.7　生態系に影響を及ぼす要因の例
左上：人口増加（写真：Ahron de Leeuw），右上：土地転換（写真：Jane Thomas / Integration & Application Network），左下：都市化（写真：森 章），右下：伐採（写真：森 章）．([23] Box 1.6 より引用)

2.3　種とは？

「種の多様性」と「遺伝子の多様性」を考えるにあたり，まずは，種の定義，地球の陸と海に現存する種数，これら異なる種を生み出してきた地史的なプロセスについて考えたい．

生物学的に種というものを定義し，種の分類方法の体系化を行ったのは，スウェーデンのカール・フォン・リンネだと言われている（スウェーデン・ウプサラ大学[17]）．種のアイデンティティ（学名）をラテン語で記述する二名法を体系化したことで知られる．種の学名は，属名と種小名とで構成される．属とは，種の上，科の下に位置する分類の基本的階級である．

たとえば，われわれ現代人「ヒト」は *Homo sapiens*，すでに絶滅したネアンデルタール人は *Homo neanderthalensis* と学名では表記される．両者の属名が *Homo* であることは，この両者が近縁であり，同じヒト属に属することを示している．なお，現代人はネアンデルタール人とは別系統のヒト属と考えられているが，2010年には，両者の交配の結果，現代人（ヨーロッパとアジアの現代人）にわずかながらネアンデルタール人の遺伝情報が残されていることが示され[40]，大きな話題となった（アフリカの現代人にはそのような痕跡がないことから，現代人がアフリカからヨーロッパへと渡った後の出来事ではないかと推測されている）．地球史の中で，われわれ現代人という種が，どのような進化プロセスを経たのか，先祖はどの種なのか，いまだに明確な答えはない．

このことからも分かるように，種の分化や創出のプロセスは多岐に富んでおり，種を明確に決めることは困難である．しかしながら，進化プロセスの中での種の分化，系統関係を反映させた，階層的な現在の生物種の分類体系は，リンネ式の方法に基づいている．ダーウィンによって進化論が唱えられる以前の18世紀に，進化・系統的な情報を反映させ得る生物分類を体系化させたことは，特筆に値する．

繰り返しになるが，種の定義は難しい（英語では species problem と呼ばれる）．種には，およそ24通り以上の定義方法があると言われている[41]．さまざまな考え方があるが，生物学の中で最も基本かつ重要な種の考え方は，個体間で生殖・交配が可能であることである[42]．これは真核生物のうち，特に動物の分類上，重要な概念とされている．同一の地域に分布しながらも，交配せずに子孫を残さない，つまり生殖的隔離がある場合は，別の種と判断される[42]．しかしながら，このような定義は，真核生物以外の生物

や，真核生物でも無性生殖を行う場合など，適用困難な場合が多々あることが知られている．また，地理的に隔離されており，別の進化の道筋を経た別の種であるにもかかわらず，人為影響で本来の分布域を超えて交配し，交雑の結果，子孫を残すことができる場合がある．そのにかにも，上記の生物学的な種の概念が適用できない場合を列挙すると際限がない．種を定義することは相当に困難であるが，現在のところ，形態的あるいは生理学的な特性をはじめ，遺伝情報，生殖的隔離の有無などを併せて鑑みることで，総合的に種が判断されている．

　地球上の総種数を推定することは，これまで何度も試みられてきた．特に，英国・オックスフォードのロバート・メイ男爵は，この課題に対する多くの学術論文や書籍を出版してきている [43-47]．総種数を推定する方法はさまざまであるが，方法や理論的な前提を違えると，算出される値が大きくぶれる．たとえば，1980 年代の論文でメイは，当時の 300 万から 500 万との見積もりの前提をより精査し，計算方法に修正を加えると 1,000 万から 5,000 万の種がいることになり得ると述べている．

　半世紀以上にわたる生態学の課題であるが，いまだに見積もり幅はほとんど狭まっていない [48]（**図 2.8**）．2011 年には，真核生物の総数種は 870 万（そのうち海洋性の種が 220 万）との見積もりが提示され [49]，2012 年には，180 万から 200 万（うち海洋性が 30 万）との見積もりが報じられた [50]．この二つの報告でも値が相当に異なるが，さらには，後者の見積もりを行ったニュージーランドのマーク・コステリョは，2013 年には真核生物の総数は 500 万 ± 300 万と結論付けている [47]．つまりは，世界中にどれだけの種がいるのかは，その推定幅すらいまだに収束していないのである．計算の前提に必要な生態学の理論や，さまざまな計算ツールは目覚ましく

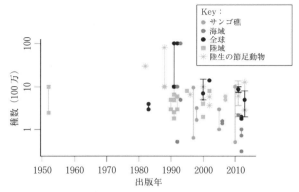

図 2.8　過去 60 年間にわたる地球上の種数の見積もりの変化

縦軸は，対数で種数を示している（1 ＝ 100 万種，10 ＝ 1000 万種，100 ＝ 1 億種）．([48]図 1 より引用)

発展しているにもかかわらず，地球上の種多様性の見積もりにも，相当な多様性があると言える．

現在，発見され命名されている真核生物の種数は，120 万から 170 万種と言われている [24, 47, 49]．どのような速度で新種が記載されるのかは，総種数を見積もるための一つの基準となっている．しかしながら，分類にも困難がある．先述のメイによると，おおざっぱに推定すると脊椎動物・無脊椎動物・植物を対象とする分類学者の存在比は，おおよそ均等と考えられるが，脊椎動物 1 種に対して，植物では 10 種，無脊椎動物では 100 種から 1,000 種の未記載種の存在可能性があると言う．つまり，脊椎動物に比して，他の分類群の新種記載がどうしても遅れてしまう．

地球史ではこれまでに，5 度の大量絶滅が起きたと考えられている（**図 2.9**）．地史的な要因，気候による影響，あるいは生物的な要因などにより，自然の摂理の中でこれまで数多の種が絶滅してきた．たとえば，ペルム紀終盤に生じた大量絶滅では，地球上の海洋

性動物の 8-9 割，陸上性の脊椎動物の 7 割の種が絶滅したと言われている．その後，生物相の回復は遅れ，元のレベルの種数にまで回復するのに要した時間は，三畳紀に至り 800 万年から 900 万年ほどと見積もられている [51]．過去の大量絶滅は，恐竜が優占した時代から哺乳類が優占する時代への推移を促したりしたように，見方によっては（この場合，哺乳類にとっては）好機とも言える．しかしながら，ペルム紀から三畳紀にかけての絶滅後の回復に見られるように，大量絶滅の影響は生物相にとって甚大である．

そして現在，自然界に対する過度な人為影響により，第 6 の大量絶滅期を迎えているとの考え方がある [52]．絶滅速度についても多くの見積もりが提示されてきた [53]．絶滅速度は，10 年間につ

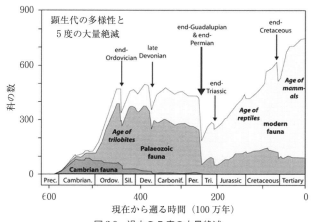

図 2.9　過去の 5 度の大量絶滅

縦軸は，生物の科数を示す．オルドビス紀 (Ordovician)，デボン紀 (Devonian)，ペルム紀 (Permian)，三畳紀 (Triassic)，白亜紀 (Cretaceous) のそれぞれ末期に大量絶滅が起こったと考えられている．白亜紀の大量絶滅以前は，いわゆる恐竜の時代であったと考えられている．図中でこの時期は，Age of reptiles（爬虫類の時代）となっている．なお，近年では学術的には鳥類も恐竜に含まれることに留意したい．(The Washington Post[18] より引用)

き 0.01% から 5% との見積もり幅である．絶滅速度が 5%/10 年の場合，150 年後には，総種数はおおよそ半分になってしまう見積もりである．しかしながら，実際には 5% は過剰見積もりで，最大でも 1% 程度までと考えられている [47, 54]．なお，1% の絶滅速度でも，今後 300 年間で 2 割以上の種が絶滅することになる．実際には，絶滅速度そのものの見積もりだけでなく，今後の保全努力による絶滅の減速，あるいは，土地改変や人為による気候変動による絶滅の加速などが考えられるので，一概に将来予測を述べることは意味をなさないことにも留意したい．

2.4 種内変異とは？

遺伝子とは，デオキシリボ核酸（DNA）を主たる担体としてなり，遺伝情報を司る．ある生物種の集団内においては，遺伝的変異が認められ，遺伝的多様性の源となっている．遺伝的多様性は，集団やひいては種の存続に関わり，種の進化に関わる．遺伝子レベルにおける変異，多様性については，種に比べて関心が集まりにくいとも言われている．概念的に理解が複雑であることや，遺伝的多様性の定量化が，分類学的な体系に基づく種の多様性の定量化に比べて，近年まで困難であったことなどが理由に挙げられる．ここでは，種内変異について今一度整理したい．

直感的に理解しやすいこととしては，われわれ「ヒト」という種（先述した *Homo sapiens*）の中にも多様性がある．現代人の中にも肌の色や目の色に変異がある．いわゆる広義の意味での人種や国，大陸をまたいでも，異なる容姿のヒト間で交配も可能である．少し古い研究結果 [55] ではあるが，わかりやすいと思われた図を紹介する（図 2.10）．この図では，ユーラシア大陸のヒト集団間の近縁性のつながりを示している．いわば家系図のようなも

のである．右端に日本人（Japanese）が見られるが，日本人は，中国（Chinese）や台湾（Taiwanese）の人々よりも，朝鮮半島の人々（Korean）と最も遺伝的に近いことが示されている．そして，日本人と遺伝的に近しくないグループ（グループ IV 以外）には，欧州や中東，ロシア近辺の人々などが属している．ちなみに，日本人と対極に位置する左端にいるのはバスクの人々（Basque）となっている．フランスとスペインのごく一部の地域に独自の文化や言語を育んできたバスク人が，韓国人や中国人に比べて，日本人にとって遺伝的に大きく異なることは，直感的にも理解しやすいだろう．

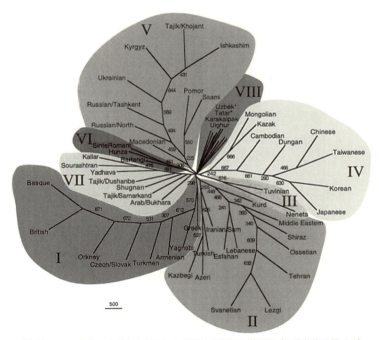

図 2.10 ユーラシア大陸におけるヒトの遺伝的距離の樹状図（Y 染色体に基づく）
([55] 図 2 より引用)

なお，日本人とバスク人のように，容姿が異なることは，表現型の違いとして捉えられる．生物学上同じ種であっても，外見上（かたち，色など）に変異が認められる．教科書でよく見受けられるグレゴール・ヨハン・メンデルによる交配実験に基づく遺伝の法則性（いわゆるメンデルの法則）も，植物体のサイズや種子の形状など外部形質の表現型に着目することから見出されたものである．

遺伝的多様性を生み出す要因としては，遺伝子流動や突然変異，自然選択，遺伝的浮動などが挙げられる．遺伝子流動とは，外部集団からの遺伝子の流入である．たとえば，ヒトの場合，南ヨーロッパでの遺伝的多様性の高さは，北アフリカからの遺伝子流動によると言われている [56]．ヒトの歴史の中では，集団間での遺伝子の交流が促される時期があったと考えられている．たとえば，モンゴル帝国の拡大，アラブ人の奴隷貿易，バントゥー系民族の拡大，オスマン帝国に端を発するヨーロッパ人による植民地拡大などは，それまでは交流のなかった集団間の遺伝子の交流を顕著に促したと考えられている [57]．侵略や奴隷制度，植民地拡大などといった行動が，現代人の遺伝的多様性を高めることに貢献してきたとも言えることは何とも皮肉なものである．

突然変異も，ヒト集団の適応にとって重要だと考えられている．たとえば，アンデスやチベットの高地に住む人々は，ともすれば低酸素症になりがちな高標高の環境に長きにわたり存在してきた．これらの人々の遺伝情報には，過去の突然変異により高標高の低酸素・低圧環境に適応してきた痕跡が残されていることが報告されている [58]．

ところで，地球上の種間の多様性としての種数は，概して（必ずではないが）熱帯地域で高いことが知られている（たとえば，Amphibian Survival Alliance[19] による報告）．一方で，種内の多

様性，すなわち遺伝的多様性も同様な傾向を示すのかどうかは，近年までよくわかっていなかった．2016年に報告されたこと [59] としては，陸上性の哺乳類と両生類に関しては，熱帯地域で遺伝的多様性が高くなることが定量化された（**図 2.11**）.

　熱帯において種や遺伝子の多様性を高める要因としては，いくつもの仮説が提案されている．その中には，熱帯では温度が高いゆえに生物の代謝が活発化し，生物間の相互作用を高め，ひいては進化時間が早くなることが多様性を高める要因であるとの仮説がある [60]．これにより，種分化の速度が速いことが種多様性を高め，それに伴い突然変異の生じる頻度が卓越することにより遺伝的多様性が高まるという考え方である．なお，その他にもいくつもの仮説が提案されている（第3章も参照されたい）．現在のところ，熱帯地域で多様性が高くなるメカニズムについては，まだ統一見解には程遠いのが現状である．だからこそ，研究のフロンティアが広がっているとも言える.

2.5 　生物多様性の定量化

　これまでに，種多様性や遺伝的多様性に触れてきた．ここで，生物多様性を具体的に定量化することについて解説したい．気候変動の問題，いわゆる地球温暖化の問題に比べて生物多様性の問題は，数字で示しにくいがゆえに，理解が進んでいないとも言われている．確かに，唯一無二の定量方法はなく，同じ場所や対象であっても，生物多様性の評価方法は多岐にわたってしまう．温度や降水量といった直感的に理解しやすい数値で示されるものではない上に，評価方法に多様性があることが，生物多様性の言葉を一人歩きさせているのかもしれない.

Species diversity
Species diversity is highest in the tropics and declines with increasing latitude, reaching very low levels at the poles.

Within-species diversity
The genetic diversity within species is also highest in the tropics but plateaus around the equator before falling off sharply with latitude.

Total genetic diversity
The total genetic biodiversity is calculated by multiplying the species diversity and the within-species diversity. It peaks sharply in the tropics.

図 2.11 種多様性と遺伝的多様性の緯度分布

赤道付近でともに最大化する．なお，ともに赤道から遠ざかるほどに多様性は下がるが，種間の多様性（Species diversity；上段）に比べて，種内の多様性（Within-species diversity；中段）のほうが緩やかな減少を示す．そして，種間と種内の多様性を併せて評価した遺伝的多様性の場合，赤道から遠ざかると多様性が減衰する程度が，最も顕著となる（Total genetic diversity；下段）．これらの違いを生む要因については，よくわかっていない[61]．([61] より引用)

2.5.1 種という尺度に基づく

繰り返しになるが,生物多様性の測り方はさまざまである.ある場所に生息する種の数を数えた場合,「種数」という指標になる.しかしながら,ある地域において,それぞれの種の個体の数を数えてみると,種ごとに個体数が異なることが多い.鳥の種数が5種と言っても,A～Jまでのそれぞれの種が10個体ずつ生息する場合と,種Aは25個体,種Bは15個体,種Cは7個体,種Dは2個体,種Eは1個体のみが生息する場合では,なんだか様子が異なる(図2.12).前者と後者では,前者のほうが「均等度」が高いと解釈される.「種多様性」を評価するにあたっては,種数と均等度の両方を加味した評価方法がいくつか提案されている.なお,自然の中である生物群集を観察すると,後者のパターンが頻繁に確認される.つまり,すべての種は同等に存在するわけではなく,一部の圧倒的な種(優占種と呼ばれる)と多数の希少な種で構成されている.

このような種の優占度ランクの関係性(相対優占度曲線,種の

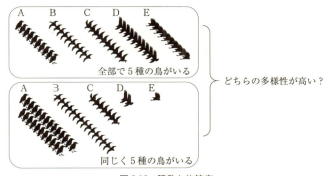

図2.12 種数と均等度

5種の鳥類が合計100羽いるが,個体数が異なる場合を考えてみる.上段の場合,5種の個体数は等しく均等度が高い.下段の場合,5種の間で個体数は等しくなく,優占度にランクがある(種Aが優占種).

個体数分布曲線，優占度―多様度曲線とも呼ばれる）を図化すると（**図 2.13**），一定の統計モデルに従うことが知られている [62]．この法則性については，長きにわたり議論されてきた，生態学における古典的な課題である [63]．いまだに，この法則性を生み出すメカニズムや法則性自体についても，活発な議論下にある [64, 65]（**Box 2.2**).

　余談ではあるが，このような対象間の不均衡な分布，不平等性の分布は，生物群集だけでなく，さまざまな場面で見出される．いくつかの例を **Box 2.3** で示した．優占度ランク曲線は，自然界でも人間界でも見受けられる（たとえば，自然界の種間・種内競争と個人・企業・国家間の競争など）．背後にあるメカニズムにも共通性があると言われており，結果として類似した分布パターンが形成される．

―三つの基本的な多様性指標―

　種をベースにした考え方で，「アルファ多様性」，「ベータ多様性」，「ガンマ多様性」と呼ばれるものがある．これまでに述べてきた生物の種数に基づく多様性の値（鳥類が 10 種など）がアルファ多様性と呼ばれるものである．ただ単に呼び方をカタカナ表記に変えただけではない．アルファ多様性は，ベータ多様性とガンマ多様性を求め，対比させるための用語である．もう少し具体的に述べると，ガンマ多様性とは，ある任意の地域で観測された種の総数であり，ベータ多様性とは，異なる場所（あるいは時間）の間で観測される種のメンバー構成の違いを表すものである（**Box 2.4** を参照のこと）．

　仮に，ある国のある県において，任意に選択された 100 ヶ所で，同じ方法で観察されたある昆虫のグループの種を記録したとする．

2 生物多様性の多様性　51

Box 2.2　種の優占度の不平等分布

　自然界の生物種の個体数分布は偏っている．すべての種の個体数が等しいわけではなく，不平等となる．地域の種プール（メタ群集）に存在する多くの種が希少で，一部の種だけが優占する [62].

　図 2.13 は，横軸を種の優占度ランク，縦軸を各種の出現頻度（対数）とした場合の優占度ランク曲線である．なお，この図はあくまで種の個体数分布の描き方の一例である．さまざまな場所の異なる生物で類似した曲線が描けることから，その背景には，何らかの規則性を伴った生態的プロセスが関与していると考えられている．多種間でのニッチ分割などさまざまな前提に基づき，観察パターンを作り出す駆動要因（必然性）を帰納法的アプローチにより解きほぐす試みが，過去 80 年もの間続いている．

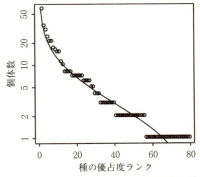

図 2.13　種の優占度ランク曲線（対数正規分布に基づく）
知床・国立公園で多点サンプリングされた草本植物データ [66] を用いた．各点が異なる種を表す．

県内の調査区 100 ヶ所すべてでまったく同じ種のメンバー構成が観測されることは考えにくい．こちらとあちらでは，観察される昆虫の種が少しは，あるいはまったく異なるはずである．県内には，森

Box 2.3 人間社会でも観察される優占度ランク曲線

　ここで筆者らの研究を紹介したい [67]. 種の優占度ランク曲線とまったく同様の解析を, 科学・スポーツ・経済における国ごとのデータに適用した. その結果, これまでの夏季オリンピックゲームのメダル獲得の累積数 (2012 年のロンドン五輪まで), 国民総生産 (2014 年), ノーベル賞の受賞者の累積数 (2014 年まで, 平和賞と文学賞を除く), そして生態学分野におけるメタ解析論文数 (2014 年まで) のいずれも, 非常に似た優占度曲線 (対数正規分布) となることを見出した (**図 2.14**).

　筆者らの専門分野は, 「生態学」である. この分野におけるメタ解析

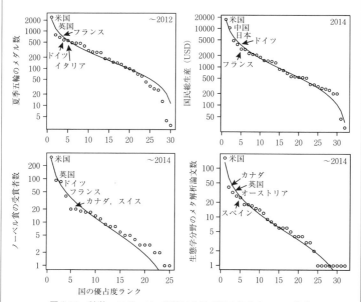

図 2.14　科学・スポーツ・経済における国の優占度ランク曲線
　　　　　　([67] 図 3, 図 5 をもとに修正)

②　生物多様性の多様性　　53

論文の数も，米国を筆頭に欧米諸国が優占していた（図 2.13 右下）．
メタ解析とは，一次研究の累積の結果をとりまとめて統合的な見解を
出す方法で　その論文は一次研究論文よりも着目されやすく影響力も
大きい傾向がある．詳細は割愛するが，科学でも優占国と劣位国とに
分かれているのである．この順位を決定づけるメカニズムは，自然界
での優占種と劣位種を取り巻き作用するメカニズムと共通するところ
がある．

　林や湿地，あるいは草原などが点在し，局所的な場のばらつきが生
じているだろう．個々の場には，それぞれに適応した昆虫の種が存
在するので，種構成の場所間の類似度は高くないはずである（非類
似度が高い＝ベータ多様性が高い）．しかしながら，仮に人間によ
る土地開発が進み，見渡す限りに特定の農作物だけが広がる，不自
然に均一な景色が広がったとする（**図 2.16**）．そうすると，そのよ
うな限定的な環境条件下でも生息できるごく一部の種ばかりが，あ
ちこちで見受けられるようになる．その結果，県内の調査区で観察
される種構成が似通うようになり（非類似度が下がる），ベータ多
様性が低下する（このような現象は，生物群集の均質化と呼ばれ
る）．極端な話だと，地域に 20 種が存在するとして（すなわちガン
マ多様性が 20 である），その地域内の調査区で常に 20 種すべてが
観測されるという奇妙な状況を仮想すると（アルファ多様性も常に
20 である），局所群集はすべて相同となる（つまり，ベータ多様性
は 0 となる）．ベータ多様性とは種のメンバー構成のばらつきに基
づく多様性である．
　生物群集の均質化の事例として，筆者が関わった八ヶ岳山麓の森
林の事例 [69, 70] を紹介したい．この研究においては，人工林から
自然林までの異なる森林において，土壌動物の優占するグループで
あるササラダニ（ササラダニ亜目の節足動物）を採取し，その多様

Box 2.4 アルファ,ベータ,ガンマの三つの多様性の考え

　ある地域を代表する場所 I, II, III にそれぞれ「種 A, B, C」「種 A, B, D」「種 A, B, E」が観察されたとする(**図 2.15**).この地域のガンマ多様性は 5 である(A〜E まで 5 種が存在する).この場合,3 つの観察場所におけるアルファ多様性(つまり種数)はすべて 3 である.しかしながら,同じアルファ多様性ではあるが,各地域の種のメンバー構成に入れ替わりが生じている.各場所ともに種 A と B を有するが,種 C, D, E はそれぞれ一つの場所にしか出現していない.この例の場合,ロバート・ホイッタカーの定義したベータ多様性 [68] の算出方法(1−アルファ多様性の平均/ガンマ多様性)に基づくと,ベータ多様性は 0.4(1−3/5)となる.ここでは,ベータ多様性の数学的な算出方法の詳細な議論はさておき,根源的な定義を強調したい.ベータ多様性とは,生物群集間の「非類似度」である.仮に,生物種を観測したどの場所でも,まったく同じく「種 A, B, C」が記録されたとする.その場合は,すべての場所で種構成が同じなので,ベータ多様性は 0 となる(上述の式に基づいた場合は,1−3/3 = 0 となる).

図 2.15　ある地域の三つの場所における土壌中のササラダニの種構成の様子
ガンマ多様性は 5 であり,いずれの場所のアルファ多様性も 3 である.ホイッターカーの式によると,ベータ多様性は 0.4 となる.

図 2.16 ボルネオのプランテーション

見渡す限りアブラヤシのみが広がる景観となっている．このような単一栽培（モノカルチャー）は，特定の農作物の生産効率を上げるために世界中で広く導入されている．概ね生物多様性に対しては負の影響を持つために非持続可能であると言われることが多いが，地域経済に対する貢献は大きい．（写真：Lian Pin Koh）

性を調べた．対象とした調査区は，カラマツ（*Larix kaempferi*）のまったくいない自然度の高い森林から，伐採後のカラマツ人工林に広葉樹が侵入・定着している森林，カラマツのみが植栽された人工林（モノカルチャー）まで，カラマツの混交率が異なる．調査の結果，カラマツ混交率が上がるほど（カラマツのみの人工林に近づくほど）ササラダニ群集のベータ多様性が下がっていたことが分かった（**図 2.17**）．カラマツのみ生育する人工林では，土壌にはカラマツの落ち葉だけが供給される．どこもかしこもカラマツの落ち葉だらけである．その結果，カラマツの落ち葉でも生息可能な種のみがどこでも出現する状況が生じてしまう．一方で，自然林では，場所ごとに落ち葉にも多様性がある．こちらではミズナラ（*Quercus crispula*）が，あちらではホオノキ（*Magnolia obovata*）が，あるいは別の樹木種が葉を落としている．小さなスケールでの場所間の多様性，つまり生態系の多様性が生まれている．落ち葉の多様性が

生まれることで，ミズナラの落ち葉を好む種，ホオノキの落ち葉を好む種といったように，場所間での差異が生まれ，ベータ多様性が高くなる．なお，カラマツの落ち葉が堆積すると，落ち葉同士の間の隙間が小さくなることが知られている．その結果，個体サイズの小さなササラダニだけが生育できる状況が生まれていたと推測される．

カラマツ，スギ (*Cryptomeria japonica*)，ヒノキ (*Chamaecyparis obtuse*)，ドイツトウヒ (*Picea abies*)，ダグラスモミ (*Pseudotsuga menziesii*) といった単一種の人工林は，木材の生産効率を念頭に置いた施業のための森林である．しかしながら，日本や欧州では，近年盛んに針葉樹人工林の再混交林化が進められている．木材生産はもちろん我々の社会にとってかけがえのないも

図2.17 八ヶ岳山麓の森林における自然度と落ち葉にすむササラダニ（1種だけを図中に例示）の群集のベータ多様性との関係の模式図
カラマツ率が高い森林ほどに，森林内のササラダニ群集のベータ多様性が下がった．つまり，カラマツの混交率が高いほどに，出現する群集が似通ってしまっていた．

のである一方で，増えすぎてしまい管理の行き届かなくなってしまった人工林については，見直しが必要である [71]．この問題について生物多様性の観点から考えるとき，上述の研究は，いくつかの示唆を持つ．それらのうちの一つが，多くの場合で樹木の種数が1しかない人工林が再び自然度の高い森林に戻ることで，樹木種だけでなく土壌に住む生物の多様性も高まり得ることである．森林が再生するためには，そして，多様な樹種が育つ森林となるためには，土壌の養分が効率的に循環することが必要である．ササラダニのような土壌動物は，落ち葉などを砕き分解することを担う．その結果として，養分が土に還り，次の世代の樹木たちが利用できる．つまりは，国土に広がる人工林を見直し，自然度の高い混交林へと誘導するためには，ササラダニのような土壌動物の多様性も密かに重要であると言える．

　人為要因による生物群集の均質化は，世界中で報告されている．上述したササラダニの例の場合は，原因は人工林化といった土地利用の強度化である．同様の傾向はドイツにおいても報じられた [72]．複数の分類群にまたがる節足動物を対象に行った研究の報告として，農地化による土地利用の強度化と単純化が，生物群集の均質化を引き起こしている．なお，前述のササラダニ群集同様に，体サイズの小さな種ばかりが優先的に出現し，全体として群集構成が似通ってしまっているとの報告である．

　生物群集の均質化を引き起こす要因として，これまでに最も報告されているのは，外来種の侵入と定着である [73]．意図的であれ，非意図的であれ，移動を伴う人為活動により，本来いないはずの生物種が世界中のあちらこちらで出現している．その結果として，一部の外来種が広域的に分布することとなり，生物群集の種構成の空間的なばらつきを減少させていると言われている．

世界中の本来分断された大陸同士が，あたかもお互いに繋がっているかのような状態になっていることから，「新パンゲア大陸」の誕生とも言われている．パンゲア大陸とは，ペルム紀から三畳紀にかけて存在したとされる超大陸で，その意味は「一つの大陸」とされる．つまりは，人為を介した生物種の移動により，アメリカ大陸やユーラシア大陸といった地理上の隔離を超えて，地球上の動物相や植物相がつながっている超大陸が出来上がってしまっているとの意見である．これにより，あたかもブレンダーで混ぜ合わせ均質化したかのように，地球上の生物相が単純化していることが危惧されている（**図 2.18**）．

ところで，ベータ多様性の求め方は，先述したホイタッカーの式に基づくものだけではない．任意の群集間で種構成の差異をどのように評価するのかにより，ベータ多様性の値が変わる．種構成だけでなく，各種の個体数を加味した計算方法もある．2010 年にまとめられた報告では，代表的な指標として 25 通りの計算方法が紹介

図 2.18　生物相の均質化
人間活動というブレンダーにより，地球上の生物相が単純化している [73]．

されている [74]. 「ベータ多様性の多様性」というタイトルでまとめ上げられた別の報告でも, 30 通りほどの算出方法が解説されている [75, 76]. その後も, ベータ多様性の算出方法は増加し続けている. 英語で記述された論文以外でも, 計算方法は報告されているようであり, 現在幾通りの方法があるのかは, 正直なところよく分からない. しかしながら, 個々の指標にはそれぞれ意味がある.

生態学においては, ベータ多様性の評価方法や解釈について, 半世紀以上にわたって議論が交わされてきた. そして, ベータ多様性の唯一無二の評価方法がないことは共通認識となりつつある. ベータ多様性の解釈には, 特に注意が必要である. 人為影響によりベータ多様性が下がることは, 生物多様性の何らかの危機的状況を示し得ることは先述した. しかしながら, 必ずしもベータ多様性が高いことが生物多様性の高さを表しているわけではない (**Box 2.5** も参照されたい). 各指標の意味, 生物群集間の差異を評価する方法の是非についてなど, 現在も非常に活発な議論が行われている.

ある指標で評価すると多様性が高く見えても, 別の指標で評価すると多様性が低くなることは, しばしば報告されている. これは, Box 2.5 で説明する事例だけに限ったことではない. 種という単位をベースに生物多様性を定量化しようとするだけでも, その評価方法はあまりにも多岐にわたるのである.

「生物多様性が脅かされている」という表現, 「生物多様性が減少している」という表現などは, あまりに抽象的であり, 生物多様性のどの側面が損なわれているのかを明示していない. 観察された種数だけを絶対的なモノサシとして考えるのであれば, これらの表現の指す意味は理解しやすいかもしれない. ゆえに, 単純に「生物多様性が…」という表現よりは, 「種数が (いつからいつまでの間で) …% 減少している」といった表現のほうが正確さを有してい

Box 2.5 ベータ多様性の持つ意味の多様さ

ある場所 I と場所 II にそれぞれ「種 A, B, C」と「種 D, E, F」がいるケースと，場所 I および II にそれぞれ「種 A, B, C」と「種 A, B, C, D, E, F」がいるケースを考えてみる（**図 2.19**）．前者では，メンバー構成が総入れ替えになっている．後者では，場所 I に対して場所 II ではメンバーの追加が起こっている．ホイタッカーの式に基づくとベータ多様性は，前者で 0.5(1 − 3/6) で，後者 0.25(1 − 4.5/6) となる．つまり，前者のほうが後者よりもベータ多様性が 2 倍高い．しかしながら，この二つのケース（図 2.19 の右と左）で，多様性が 2 倍違うと言えるのだろうか？　視点を変えると，ベータ多様性が下がった後者のほうが，むしろ場所 II ではアルファ多様性を上げていることで，平均値としてのアルファ多様性（ホイッターカーの式では分子）が上がっている．種 D, E, F しか存在できなかった場所 II に種 A, B, C も存在できるようになったとも解釈できる．この二つのケースでは，ベータ多様性の値がただ異なるだけでなく，値の意味するところが異なる（詳しくは，種の入れ替えと入れ子構造による効果と呼ばれる）．

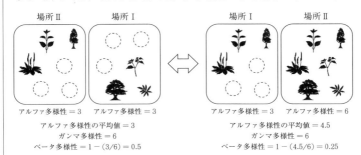

図 2.19　植物種の入れ替わりと入れ子構造の様子
左の場合では，場所間で種構成が完全に入れ替わっている．右の場合では，場所 I に対して場所 II で種が追加されている．なお，ガンマ多様性はともに 6 である．ホイッターカーの式によると，左のベータ多様性は 0.5 で，右のベータ多様性は 0.25 となる．アルファ多様性の平均は右の場合のほうが高く，ベータ多様性は左の場合のほうが高い．

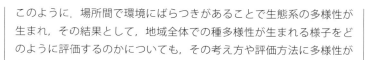

このように，場所間で環境にばらつきがあることで生態系の多様性が生まれ，その結果として，地域全体での種多様性が生まれる様子をどのように評価するのかについても，その考え方や評価方法に多様性がある．

る．しかしながら，「種数は最も重要な指標の一つではあるが，絶対指標ではない[77]」．まずは，このことを何よりも強調したい．

近年の生物多様性の変化について，より具体例を解説したい．2013年に発表された研究成果で，168報告の研究結果より得た植物種数のデータによると，世界的には生物多様性（ここでは植物種数）は，特に減少していないことが示された[78]．この研究成果が火付け役となり，近年の生物多様性の経時変化が多数報告されるようになった．

2014年には，実際に種数と種構成を継続してモニタリングしてきた100ヶ所のデータに基づき，同様に種数の経時変化が生じていないことが示された[79]．生物多様性の危機が報じられるようになって久しいが，この二つの研究成果は，局所の種数（アルファ多様性）に基づくと実際には多様性の損失が生じていないことを示している．それでは，種の消失やその結果としての生物多様性の危機的状況はただのまやかしなのだろうか？　後者の研究によると，種数の変化はなくとも，種構成の変化があると言う．時間方向でベータ多様性を計算してみると（以前と今で種の構成がどれだけ異なるか），変化が認められた．つまり，種数は変わらずとも，種構成は変化してきているのである．在来種が外来種に駆逐された場所もあるだろうし，地球温暖化に伴い種が入れ替わった場所もあるだろう．それゆえに，種数が減っていないことは生物多様性が危機的状況ではないということを必ずしも示してはいない．

2015 年に報じられた，スコットランド周辺の海域の魚類を対象とした同様の解析結果によると，過去 29 年間の間に種数の減少傾向はやはりない一方で，種構成の変化が認められた [80]．ここでも，種数は変わらないが，生物相の均質化が生じていることが報じられている．これらの研究成果は，生物種の数という指標がいかに曖昧で，生物多様性のごく限られた一側面しか表していないことを示している．

2.5.2　生き物の特性に基づく

近年，生態学の分野で盛んに議論されている生物多様性の評価方法として，生物種の特性に基づく考え方がある．先述の鳥類の例（図 2.1）のように，種数という多様性指標に変化がなくても，個々の生物種の機能的な側面に着目した多様性指標では変化がみられることがある．このような異なる多様性指標の間のデカップリングは，非常に注目されている [70, 81]．

―系統的多様性―

さて，個々の生物種の特性という観点から考えたとき，近年ますます着目されているのは，個々の種の進化プロセスに基づく評価方法である．これは，系統的多様性と呼ばれる．系統樹（The tree of life と呼ばれる：**図 2.20**）と呼ばれる，生物種間をまたいだ進化プロセスを記した，いわば家系図のようなものから定量化される多様性である [82]．地球史の中では，長い時間をかけて起源を同じくする数多の生物たちが進化プロセスの中で，種分化し，自然淘汰されてきた．長い地球史の中で脈々と続く進化プロセスがある．系統樹の特徴としては，各枝の長さが種分化してからの時間を示していることに留意したい．

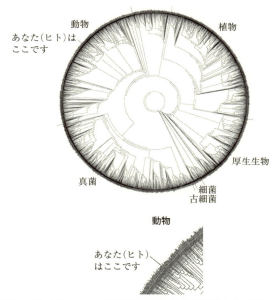

図2.20 現存する約3000種をrRNA系統解析に基づき系統樹（この場合，円形なので系統円とも呼ばれる）でつなぎ表現した
上図の系統円の左上の動物界（Animals）にヒトがいる（拡大したものが下図，「You are here」で示されている）．なお，この系統円は，直径1.5mで描くと最もはっきり見えるとのことである[82]．（テキサス大学ヒルズ研究室[20]より引用）

　現代の先進社会においても，チャールズ・ダーウィンの進化論を信じない人々もいるという．しかしながら，人類（つまり，ヒト）が地球史の中で進化した結果として存在し，いわゆる霊長類と言われる動物界の哺乳綱のグループに属すること（図2.20）は，現在の自然科学の理解の中ではゆるぎない事実である．系統樹の中では，ヒトは，ライオンやトラ（*Panthera tigris*）に比べて，チンパンジー（*Pan troglodytes*）などに系統的に近しい．そのような進化プロセスにおける種分化の結果を図化したものが，系統樹である．

東京上野にある国立科学博物館[21]の地球館には，系統広場と呼ばれる常設展示がある（**図 2.21**）．円形の広場の外周に沿うように配置されたガラスケースの中に各生物が展示されているが，その配置は系統円に基づく．足元には，40億年をかけて，どのように生物種が種分化してきたのかを示す道筋，すなわち系統樹が描かれている．

生物多様性の保全という点においては，あらゆる生物多様性の要素がその対象となる．この観点に基づくと，個々の種の進化的背景を考慮した系統的多様性にも焦点が当たられるべきである．しかしながら，実際には，系統的多様性という生物多様性の一側面が，自然環境の保全という場面において脚光を浴びたり，憂慮されたりした事例はごくわずかであると言われている[83]．生物種の今後の進化の潜在性なども保全したいと考えると，系統的多様性を保全活動の考慮事項に含める価値はあると思われる．しかしながら，系統的多様性の計算方法が複雑で多岐にわたること（最も簡単な算出方法を **Box 2.6** で示した），そもそも生物多様性の保全活動や政策立案

図 2.21　国立科学博物館・地球館の系統広場

図は白黒で分かりにくいが，床にはさまざまな色のライトで種間の系統的なつながりが示されている．（写真：科学技術振興機構[22]より引用）

Box 2.6 系統樹に基づく多様性の評価

系統樹をベースにして，生物群集の多様性を評価する方法がいくつも提案されている（[84, 85] に詳しい）．ここでは，最も単純な算出方法として，平均ペアワイズ距離による方法を紹介する．これは，観察された群集内に共存する種の間でペアを作り，そのペア間での系統樹上の距離を求め，それをすべてのペアの組合せで計算し，その平均値を求めるものである（図 2.22）．系統樹上の距離（枝の長さ）は，任意の 2 種間の種分化してからの時間を反映するので，距離の遠い組合せの 2 種はより古い時代に種分化したと考えられ（種 A と種 D の組合せなど），逆に距離の近い組合せの 2 種は系統的に近縁と言える（種 B と種 C）．ここでは，「種 A，B，C」と「種 A，D，E」の二つの群集を示している　ともに種数は 3 となるが，構成する種間の系統樹上の距離が遠い後者の群集において系統的多様性が高くなる．言い換えると，前者の群集（図中の左）は，後者の群集（図中の右）よりも近縁種で構成されている．

ここで留意したいことは，必ずしも系統的多様性が高いことが望ましいわけではない．もしも「種 A～C」と「種 D～E」が種分化した後に得た何らかの特性が，その場の種構成を決める要因として重要であるならば，図 2.22 の左の群集で系統的多様性が低いことには意味があるかもしれない．

もう少し具体的に述べる．たとえば図 2.22 において，種 A～C は高標高帯の低温な環境に適応した植物種のグループであり，種 D と E は低標高帯に主に出現する植物種のグループであるとする．図中の左の群集が観察された場所がとある山の高標高帯にあり，一方で図中の右の群集は同じ山の中標高付近で観察されたのであれば，前者では高標高種である種 A～C だけが出現し，後者では高標高と低標高の種が混じることとなる．この場合，系統的多様性の値は違うけれども，どちらの群集もある意味で妥当な値を示していると考えられる．別の捉え方をすると，左の群集では，高標高帯における低温，あるいは強風，夏

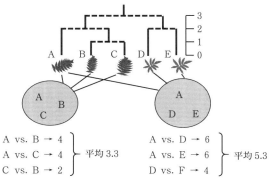

図 2.22 平均ペアワイズ距離による系統的多様性の求め方

便宜上，系統樹の長さは実線で描かれた縦方向のみ計算に含めている．枝の長さは系統樹の右のモノサシ（単位は100万年）に基づく．左右の二つの観測場所に存在する群集（丸で囲まれた）では，ともに種数は3であるが，系統的多様性は左が3.3で右が5.3である．右の群集ではDとEに比して系統的に遠い種であるAが存在することで，左の群集よりも系統的多様性が高くなっている．（作図：辰巳晋一）

が短いなどといった生物にとって厳しい環境に耐えうる（そのような環境に適応したという意味で）種構成となっており，系統的多様性が低いことは必然かもしれない．

　多様性を形成するプロセスについては，第3章で詳しく述べる．系統情報を用いると，ただ多様性が高い低いといった議論を超えて，進化過程の中における種の関係性を考慮した評価ができるようになる．

に関わる人々の間で系統的多様性という考え方が浸透していないことが，この生物多様性の側面がいまだほとんど取り扱われない大きな原因となっている．

―**機能的多様性**―

　つぎに，種の特性といった観点から着目されることとして，機能的多様性が挙げられる（[86]に詳しい）．機能的多様性については，

図2.1でも少し触れたが，機能形質に基づく．機能形質は，個々の生物種の形や行動，食べ物のタイプ，生理的特性などに基づいて評価される．

たとえば，樹木という植物のグループにおいても，光合成器官である葉の形には種間変異がある（**図2.23**）．分厚く丈夫な葉は植食性昆虫により葉が食べられることを防御するために重要であり，薄い葉は光が限られた暗い環境でも光合成を効率的に行うために必要である．同じ樹木種でも環境に応じて葉の形態や生理特性は変化する（種内変異や表現型の可塑性と言われる）が，個々の樹木種はある一定の特性を持ち，明るいところで成長が速いとか，暗いところでも生存できるといったようなそれぞれの種としての戦略を反映している．

樹木に関する別の例としては，北米西部に生育するポンデローサマツ（*Pinus ponderosa*）という針葉樹を紹介する（**図2.24**）．ポン

図2.23　広葉樹の葉のかたちの種間変異[23]
縮尺として中心にサインペンが置かれている．単葉や複葉，葉の大きさ，鋸歯のかたちなどに異なる種間で違いが認められる．植物のさまざまな機能形質の意味や計測の仕方については，Perez-Harguindeguy, *et al*. [87]のハンドブックに詳細がまとめられている．

図 2.24 アメリカ合衆国・ヨセミテ国立公園のポンデローサマツ林
頻繁な小規模山火事（林床火事）により，林床植生は皆無に近い．一方で，樹皮の厚いポンデローサマツは燃えずに生存している．一番手前の個体の場合，胸高直径は 100 cm ほどであるが，樹皮の厚さは 5 cm を超える．（写真：森 章）

デローサマツは，マツ科樹木の種の中でも，きわめて樹皮が厚い．これは，山火事に対する耐性を持つために，長い進化過程の中で必要に迫られ得ることのできた種特性の表れである [88]．

　あるいは，動物のなかで特定のグループに対象を絞っても，形態や色，サイズに種間変異が認められる（**図 2.25**）．たとえば，白い種，色のついた種がいる．捕食者から隠れるため，あるいは，熱を吸収する／しないといった環境への応答の結果として，種分化の中で色素形成が起こっているので，個々の種の体の色には，それぞれ種の戦略を反映した何らかの意味がある．

　「機能的」とは，辞書によると，「ある目的に対して有効であること」と記されている．樹木の高さや樹皮の厚さ，哺乳動物の体毛の有無や体サイズ，鳥類のくちばしの形とサイズ，蘚苔類の胞子体の大きさ等々と，機能形質は非常に多岐にわたる．機能形質は，それぞれの種が長い進化プロセスの中で身に着けてきた特性であり，個体の成長や生存，ひいては種の存続にとって意味がある．機能形質と呼ばれる個々の特性の集合体として，それぞれの種の特徴が出来上がっている．つまり，個体や集団，種にとって機能的に貢献をす

図 2.25 ワラジムシの種間変異

無脊椎動物の機能形質については，Moretti, *et al.* [89] の解説に詳しい．（写真：Theodoor Heijerman）

るという意味で，「機能形質」と呼ばれる．さらには，機能形質は生物の成長や生存の戦略に関わるだけでなく，生物がどのように環境に応答するのか，生物がどのように環境に影響を与えるのかにも関わる．なお，機能形質や機能的多様性が生態系のなかで持つ意義については，第4章でも述べる．

　遺伝的多様性や環境変化に対する可塑性があることにより，種内変異が常に認められるが，機能形質は個々の種である程度決まっている（内的制約がある）．魚類で例えるなら，サンマ（*Cololabis saira*）にはある程度サイズに個体差があるものの（稀に40 cmくらいまで成長する），サンマがクロマグロ（*Thunnus orientalis*）のような大きさ（全長3 mを超える）にはなり得ない．このよう

な個々の生物種の何らかの特性に基づく多様性の評価方法がある（**Box 2.7** を参照のこと）.

　数ある機能形質の中でも，到達可能なサイズの種間の違いは，群集の機能的多様性に大きく影響し，特に重要である [90, 91]. たとえば図 2.26 では，場所 I の 3 種の樹木は最大樹高が異なる. このことにより，森林の垂直方向のレイヤー（階層構造という）のなかで 3 種は住み分けができるかもしれない. 光は樹木にとって必須の資源であり，森林においては個体の成長や生存を制限する主たる要因であることが多い. それゆえに森林内では光をめぐる競争が樹木種間で起こりがちである. もしも樹高が種間で似通っていると，光合成に必要な葉群を配置するにあたりお互いに邪魔をしあい競合するかもしれない. この点において，場所 I の 3 種は，最大樹高という機能形質の種間差をもって，森林の階層構造の中で棲み分けをすることで，直接的な競合を避け共存を成し得ることができるかもしれない（[34, 92] などを参照されたい）. 機能形質の種間差は，個々の種の特徴としての生活史戦略の違いに関わる.

　機能形質に基づき種間差を距離としてとらえ，群集の機能的多様性を計算する方法がいくつも考案されている（佐々木ほか [93] に詳しい）. 着目する機能形質は一つかもしれないし，複数かもしれない. Box 2.7 の例では，サイズの違いやタイプの違いだけに焦点を当てることで，それぞれ一次元の軸で説明を行った. ここで，二つの機能形質を同時に考慮して，場所 I と II の群集の機能的多様性を求めてみる.「機能的分散度」という指標 [94] に基づくと，場所 I と II の群集の多様性はそれぞれ 0.487 と 0.289 である. あるいは，「機能的豊かさ」という指標 [95] に基づくと，場所 I と II の群集の多様性はそれぞれ 0.185，0.01 となる. 二つの機能形質を同時に考慮すると，指標による差こそあれ，場所 I の群集で機能的多様性が

Box 2.7 生物の特性に基づく多様性の評価

　機能的多様性の評価において，単純な例を紹介する．図 2.26 では，9 種の植物種が確認されているある地域において，任意の 2 ヶ所で出現する種を記録した様子を示している．この地域のガンマ多様性は 9 種であり，この 9 種のうちのいずれかが局所の場所に出現すると期待される．なお このような種の総数を種プールと呼ぶ．種プールは，局所の群集への種の供給源（ソース）となる（なお，局所群集が受け取る側で，シンクと呼ばれる）．この 9 種のうち，場所 I と II では，それぞれ 3 種が観測された．つまり，両所ともに種数（アルファ多様性）は 3 である．しかしながら，植物の高さクラスの多様性から評価すると，場所 I では背の低い種・中間の種・背の高い種が混生する，機能的

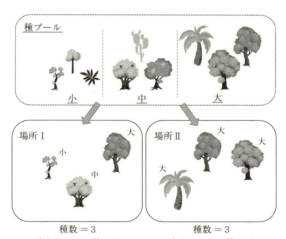

図 2.26　個体サイズに基づく機能的多様性の算出例

上段の点線で囲まれた異なる植物種が，種プールに存在するとする．そこから場所 I と II に種が移入している．両方の場所ともに種数は 3 であるが，植物の背の高さの特徴から見た多様さは，場所 I と II でそれぞれ 3 と 1 である．（アイコン：designed by Terdpongvector-Freepik.com）

に多様な群集となっているが（機能タイプの数が三つある），場所IIでは背の高い種のみの機能的に均質な群集となっている（機能タイプの数が一つだけ）．

ここで評価基準を変える．**図 2.27** では，着目する形質を，植物の高さクラスの代わりに，針葉樹や広葉樹，ヤシといった植物タイプに変更した．その結果，場所Iと場所IIの機能的多様性は逆転した．場所Iでは針葉樹しかいない均質な群集であるが（機能タイプの数が一つしかない），場所IIでは針葉樹・広葉樹・ヤシが混生する機能的に多彩な群集となった（機能タイプの数が三つある）．それでは，図 2.26 と図 2.27 を比べてみて，場所IとIIのいずれが機能的に多様な群集と言え

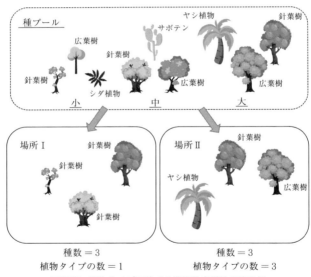

図 2.27 植物タイプに基づく機能的多様性の算出例

上段の点線で囲まれた異なる植物種が，種プールに存在するとする．そこから場所IとIIに種が移入している．図 2.26 と比較したい．両方の場所ともに種数は 3 であるが，植物タイプから見た機能形質の多様性は，場所IとIIでそれぞれ 1 と 3 である．つまり，機能的多様性の大小が，図 2.26 と逆転している．（アイコン：designed by Terdpongvector-Freepik.com）

② 生物多様性の多様性　73

るのだろうか？

より高いことになる．種間の系統的な距離とは異なり，種間の機能
的な距離（類似度）は，何をもって機能形質とし，いくつの機能形
質を考慮するのかに影響を受ける．評価対象とする機能形質は，任
意に決めることができるので，機能的多様性は主観的な指標とも言
える．

　機能形質の評価軸は，無限とまでは言わないまでもいくつでも増
やすことができる（ただし，指標によっては，機能的多様性の算出
が困難となる）．何をもって機能形質とするのかは難しい課題であ
るが，評価対象とする形質の軸を増やせば増やすほどに種間変異が
現れ，個々の種がよりユニークになる（冗長性が無くなると言われ
る）．複数の機能形質に着目して機能的多様性を評価した場合の事
例を，Box 2.8 で解説した．

　Box 2.7 の例に基づくと図 2.26 の場所 II や図 2.27 の場所 I の群集
は機能的に均一であったが，Box 2.8 の評価ではこれらの種間で差
異が見出された．種分化し別の種となった以上，生物種間には何ら
かの差異が認められるのは当然である．何らかの差異が認められる
からこそ，分類学上で異なる生物と定義されることで種が認識され
てきた．言い換えると，種間の特性がそもそも種分化のプロセスの
中で得られてきたことを加味すると，機能形質の情報を多く取り込
むほどに個々の種の特徴が際立ち，機能的な距離と系統的な距離の
両者が理論的には収斂すると考えられる．

―異なる指標から見えてくること―

　方法論に重きを置いてしまったが，ここまでで伝えたいことは，
「異なる指標を用いると，生物多様性の評価の結果が変わる」とい

Box 2.8 複数の特性に基づく多様性の評価

さらなる具体例を図化する（**図 2.28**）．個々の種の特徴をより捉えるために，高さクラス，植物タイプに加えて，個々の植物種が明るいところを好むのか（陽タイプ）／比較的日陰を好むのか（陰タイプ），個々の植物種が乾いたところを好むのか（乾タイプ）／湿ったところを好むのか（湿タイプ）といった機能形質の情報を考慮した．そして，合計四つの機能形質に基づき，9種の植物の機能的な類似度を樹状図

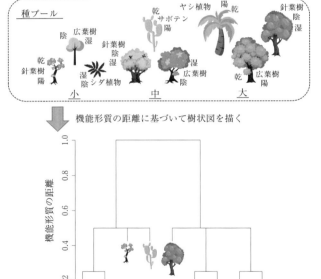

図 2.28　複数の機能形質に基づく機能的距離の算出例

植物種の高さクラス，植物タイプ，明暗の好み，乾湿の好みを機能形質として，種間の類似度をゴーワー距離で求めて樹状図に示した．（アイコン：designed by Terdpongvector-Freepik.com）

（先述の系統樹のような種間の類似度の距離を枝の長さで表すもの）で描いた.

ここでの着目点は，シダやヤシ，サボテン，広葉樹，針葉樹の植物タイプ間における実際の系統的な距離の情報を加味していないことである．たとえば，樹状図の一番下位のグループ分けでは，ヤシと広葉樹，シダと別の広葉樹，サボテンと針葉樹がそれぞれ一緒になっている．このグループ分けには，多くの人が違和感を持つかもしれない．今回の 9 種間の機能的な類似度の評価では，広葉樹と針葉樹の組合せのほうが，広葉樹とシダの組合せより系統的に近いといったような情報を含まない．あくまで，「広葉樹／針葉樹／ヤシ／サボテン／シダ」といったカテゴリ情報を「違い」としてだけ認識し，異なる植物タイプ間の機能的な距離は同等と仮定しているからである．このように，あくまで種特性に基づき評価されるのが，機能的多様性である.

うことである．ベータ多様性が上がる一方でアルファ多様性が下がることがあること，種数が同じでも系統的多様性が大きく異なり得ること，評価対象の機能形質を変えると機能的多様性の計算結果が逆転し得ることなどを解説した．ここでは，より具体例として，コスタリカ及びフランスで報告された事例を紹介する.

スタンフォード大学のグループが，コスタリカにおいて興味深い研究を行った [96]．この研究では，森林が農地転換された複数の地域を対象に，土地利用の強度化が鳥群集に与えた影響を異なる生物多様性指標を用いて評価した（**図 2.29**）．強度に農地転換された地域では，鳥群集のアルファ多様性は低下した一方で，ベータ多様性は維持されているように思われた．しかしながら，農地利用に伴う土地利用の強度化は，大規模な空間スケールで植生を均質化するので（どこもかしこも特定の農作物の植物だらけになるので），より広範な空間スケールで解析したところ，ベータ多様性が実は著しく

図 2.29 森林が土地改変されることにより影響を受けやすい種（右：アカオキリハシ，*Galbula ruficauda*）と，土地利用が進展しても影響を受けにくい種（左：シマアリモズ，*Thamnophilus doliatus*）の例
(写真：[97] より引用)

低下していることが分かった．ベータ多様性の低下は，地域景観の中で同様な種ばかりが出現していることを意味している．ゆえに，鳥群集の機能的多様性も著しく低下していることが分かった．これらより，研究グループは，食料需要に応じるために農地化が行われるにしても，少しばかりの森林や農作物の多様化によって多様な植生を維持することで，多様な鳥群集が支えるさまざまな生態系サービスが維持し得る可能性を強調している（機能的多様性と生態系サービスについての詳細は後述する）．少しばかり話が複雑になったが，要は，種数（アルファ多様性）に着目すると，土地利用の強度化は生物多様性の減少につながっているようには見えないが，異なる指標を用いて評価すると，実は生物多様性や生態系サービスが著しく脅かされている可能性が見えてくるのである．

フランス国立科学研究センターの研究グループによる，フランス全土を対象とした研究では，種・機能・系統の 3 側面で鳥群集の生物多様性評価が行われた [81]．その結果，これら三つの多様性指標は必ずしも連動しておらず，一つの指標で評価すると生物多様性が

高いと思われる地域も，他の指標で評価すると必ずしもそうではないことが示された．特に保護区に着目すると，種多様性（生物学的分類に基づく種の多様性）は全体としてよく保護されているのに対して，機能的多様性の保護状況は芳しくないことが示された．これらの研究結果は，種多様性だけに着目することの限界や問題を指摘している．

　生物多様性の保全というと，概して，種（特に種数）に着目されがちである [98]．ただでさえ分かりにくい生物多様性の問題ゆえに，種という基本概念を超えて，生物多様性を捉え保全の対象とすることは，容易ではない．種以外の指標については，一般社会で認識されていないだけではない．政策や管理の実務に携わる人や研究者，実際に「生物多様性」に何らかの形で関わるセクターにいる人々の間でも，用語の意味するところが浸透していないだけでなく，これらの用語そのものの認知度も相当に低いと考えられる．

　たとえば，現在，「生物多様性及び生態系サービスに関する政府間科学-政策プラットフォーム（IPBES）」の枠組みでさまざまな評価が進みつつあるが，生態系サービスに密接した指標である機能的多様性などが，専門家の間でも浸透しているとは言い難い．よく述べられる「種内，種間，生態系の多様性」を超えて，多様性の定量的評価の方法に多様性があることを，専門家ですら把握しきれていない．このことは，生物多様性に関わる問題の社会浸透の難しさを暗示している．

生物多様性を形作る
—偶然性と必然性が織りなす

　生態学には,「群集生態学」という学問領域が存在する (Nature Education[24]). 生態系における異なる生物種間の相互関係や, どのようにして多種が共存できるのか, 多数の生物種からなる「生物群集」における規則性や成立プロセスなどを問う学問領域である. 群集生態学では, その名の通り, 生物群集を研究対象の基本単位としている. 群集がどのように成立し維持されているのかを理解することは, 生物多様性の形成プロセスを理解することに直結する.

　もう少しだけ具体的に述べる. たとえば,「同じ資源を求め競争する複数の種がどのようにして同所的に存在できるのか」「一部の優占種に完全に乗っ取られずにたくさんの希少な種がなぜ存在できるのか (自然界では, 個々の種の個体数分布が不均一であることは前章で述べた)」「ある種の存在が別の種にとって有利に働くことがあるのはなぜなのか」「環境変動が生じると種間の相互作用はどのように変化するのか／しないのか」などの疑問に対して答えを見出そうとするのが, 群集生態学である. 言い換えると, 種を中心とす

③ 生物多様性を形作る—偶然性と必然性が織りなす　79

る生態系の多様な要素が互いに影響しあいながら，共存できる仕組みを理解するための試みであるとも言える．ゆえに，生物多様性について考えるとき，群集生態学は重要な基盤である．

　第3章では，生物群集の成立プロセスについて概説しつつ，種多様性をめぐる研究事例を紹介したい．なお，群集生態学に関する専門的な内容は，Hubbell [99]，宮下・野田 [100]，大串ほか [101]，Morin [102]，Vellend [103] などに詳しい．

　生物多様性の形成という点では，必ずしも種多様性の成り立ちだけを理解すればよいのではない．種内や生態系の多様性の成り立ちも大事であり，機能的多様性や系統的多様性がどのようにして保たれているのかも，重要な関心事項である．そして，これら異なる多様性指標の形成プロセスは独立したものではなく，お互いに関連している．

　生物多様性の形成プロセスは，生物の進化に関わる長期的な時間スケールの中での事象（たとえば，遺伝的変異，淘汰や種分化などの出来事）から，現代の短期的な時間スケールでの事象（たとえば，人為影響による機能形質の選択を介した生物群集の均質化など）までが，複雑に絡み合っている．本章では，これらすべてを網羅するのではなく，異なる種の集まりとしての生物群集の形成プロセスに主に着目して，生物多様性の成り立ちと維持について概説したい．

3.1　生物群集とは？

　生物群集とは，ある場所で同時に存在する生物種の集合である [103, 104]．ある場所（一定区域内とも言える）というものは，湖沼のような空間的な広がり（単位）が比較的はっきりとした場合もあるが，多くの場合は任意に決められる．たとえば，森林で樹木群

集を捉える場合，数十メートルの範囲内で同所的に生育する樹木個体をまとめて局所群集と定義することがある．これは，樹木が固着性（基本的に発芽した場所から動けない）で，光と水といった共通の資源を巡って近隣個体間でのみ局所的に競争などの関わり合いをもつことに起因する．

　このように，局所群集を規定する上では，そこに存在する生物同士に直接的・間接的に（あるいは潜在的に）何らかの関わり合いがあることを想定する．なお，実際の生物群集には，植物だけでなく，動物や微生物など，多くの生物が存在する．一次生産者である植物により作られた光合成産物を，消費者である動物が利用したり，分解者である微生物などが分解したりすることで，食物網が成り立ち，さまざまな生物にエネルギーや栄養塩が流れる．

　生物群集をどう定義するのかは，観察や研究の内容によって変わる [103]．ときには，異なる栄養段階にいる生物種を含めて広義の意味で群集を俯瞰したり，あるいは，植物群集や樹木群集のように同じ栄養段階にいる生物種だけを対象として狭義に定義したりするなど，状況によって群集の捉え方が変わる [104]．さらには，空間的に離れた局所群集同士も実際にはお互いに完全には独立しておらず，動物の場合は個体そのものの移動や植物の場合は種子や花粉の散布を介してなど，何らかの形でつながっている．このような空間的に不連続だが関連する局所群集をまとめて，「メタ群集」と呼ぶ [105]．局所群集やメタ群集がどのように成立し維持されているのかを理解することは，多種共存機構を解くことにもつながる．

3.2　生物群集の形成プロセス

　システムである生態系には相互作用が存在する．生物間の相互作用には，競争だけでなく，食う—食われる（捕食被食），寄生や相

利共生のような関係性も存在する．これらの数多の複雑な生物間相互作用があるからこそ，異なる沢山の種が群集の中で同時に存在できる [102]．さらに近年，このような生物間の相互作用自体に多様性があることが，生物多様性を支える要因であることも示唆されている [106]．一つひとつの仕組みを解きほぐすこと自体も困難な作業であるので，それら無数のプロセスが重なり合った結果として出来上がる生物群集の形成メカニズムの全容を把握することは，決して容易ではない．

　群集形成に係る生物間の相互作用については，あまりにさまざまな可能性が存在し，すべてを網羅的に紹介しきれない．さらには，個々の種がどのように存在し，多種が共存し，生物多様性が維持されているのかについて考える際には，焦点を当てる時間的・空間的スケールも多様化する．地史的に長いスケールでの出来事（進化や種分化など）や空間的に大きなスケールでの要因（緯度や標高変化に伴う環境条件の変化など）は，生物多様性の形成の主たる要因である．個々の種の分布拡散の歴史は，これら両要因の重ね合わせの結果である．一方で，生物種間の競争や助け合いなどは，生物同士が直に触れ合う距離間において，つまり局所的に生じる．個々の種が互いに影響を与え合うことで，互いの進化を促してきた共進化などは，空間的には局所的だが時間的には比較的に大きなスケールの事象であるかもしれない．ただし，進化は迅速にも生じ得ること [107] にも留意したい．生物多様性は，時空間的に多様な異なるプロセスが，積み重なることでさらに多様性を増すことで，出来上がっている．ここでは，これらプロセスについて，いくつかの重要な例に絞って紹介したい．

3.2.1 生物多様性の形成プロセスに迫る
―種多様性を支えるメカニズム―

熱帯地域では，特に種多様性が高い．なぜ，これだけ無数の種が存在できるのかを理解することは，長年にわたる生態学の課題である [108]．これまでに，さまざまな理論が提唱されている．ここでいくつか紹介したい．

まずは，比較的古くから知られている樹木の多種共存のメカニズムで，「ジャンゼン・コンネル仮説 [109, 110]」とも，「負の密度依存効果 [111, 112]」とも呼ばれる現象である．

これは，森林において親木（母樹）に近いほど，種子の発芽や実生の生存が不利になる現象を捉えたものである（**図 3.1**）．なお，必ずしも種子を生んだ親自身である必要はなく，同種の成木の近くほどにその種の種子や幼木にとって不利となる現象を示す．この現象の要因としては，その種にとって特異的な病原菌や植食者，寄生者などの外敵（天敵）の数が，成木に近いほど多いためと考えられている．成木はこれらの外敵に対する抵抗力を備えているが，種子や幼木はこれら外敵により死亡しやすい．一般的に，種子は親木に近

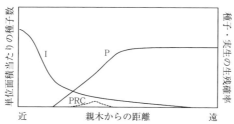

図 3.1　ジャンゼンの提唱した仮説を模式的に示す図 [109]

横軸は親木（母樹）からの距離を示す．I のカーブは単位面積当たりの種子散布量を，P のカーブは種子や実生が生残する確率を示す．PRC と描かれた点線の頂点が，I と P の重ね合わせの結果，新たな成木が出現する確率がもっとも高くなる場所である．原著をもとに，日本語で表記し直した．([109] 図 1 を翻訳して引用)

いほど多く散布されるので，このメカニズムがないと親の土地を代々子が守るような状況になってしまう．成木からの距離依存的な死亡が起こることが，特定の優占種による場所の占有を妨げ，他の樹木種が入り込む余地を生む．また，異なった見方をすると，個体数の少ない希少な種ほど，天敵のない場所がたくさんあることになる．このような樹木種と天敵との関係性により，一部の種が優占するのではなく，多種がともに存在できるようになり，結果として，森林における樹木の種多様性を高めているという仮説である．なお，熱帯林だけでなく，温帯林でも観察される（日本での研究事例は，清和[113]に詳しい）．

米国のダニエル・ジャンゼンとジョセフ・コンネルの2名が，熱帯雨林の樹種多様性を説明するために，1970年代初頭にほぼ同時に仮説を発表したことから，「ジャンゼン・コンネル仮説」と呼ばれる．母樹に近ければ近いほどに，たくさんの種子が散布され種子や実生の密度が高くなる．それゆえに，密度が高いほどに死亡率が上がる現象をさして，負の密度依存効果とも呼ばれる．ジャンゼン・コンネル仮説は長きにわたって検証されてきた．この現象については，仮説の提唱から半世紀近くが経った今でも活発に議論と検証が続けられている．まだまだ不明なところがあるが[114]，低緯度地域ほどに負の密度依存効果が顕著となることで，たくさんの希少種からなる種多様性の高いシステムが維持されていると考えられている[115]．

英国・オックスフォード大学の研究者らを中心としたグループにより，中米・ベリーズの熱帯林において実施された興味深い野外実験の結果が，2014年に報じられた[116]．この研究では，ジャンゼン・コンネル仮説に基づく種多様性維持のメカニズムが，天敵を介した負の密度依存効果に基づくのかどうかを具体的に定量化するた

めに，大胆な方法を用いた．その方法とは，天敵である植食者（昆虫）と病原菌（菌類）を，それぞれ殺虫剤と殺菌剤で排除するという方法であった．野外実験の結果，殺虫剤により植食者が排除された場所では，種子から実生への移行率が高くなった．つまり，昆虫に種子が食べられることが少なくなり，その結果，母樹のまわりで生き残る芽生えが増えたのである．殺菌剤を施した場所では，実生個体の種数が低下した．つまり，病原菌がいなくなることで，たくさんの種子を生んだ種が有利となり，いくつかの樹種の芽生えが入り込む余地がなくなったのである．これらの結果は，たくさんの種子を生んでいる優占種ほどに，天敵による密度依存的な死亡が生じることで，多くの種が共存可能となるメカニズムを示している．このような長年類推されてきた熱帯林の樹種多様性維持のメカニズムの定量化に，この野外実験では，大胆な研究アプローチを用いることで成功した．生態学としては，積年の課題に挑んだ大きな一歩であったと言えるかもしれない．一方で，生物多様性が成り立つメカニズムを知るために，そこで重要な役割を担っている生き物たち（ここでは，昆虫や菌）をあえて殺傷し一掃してしまうというあたりに，生態学におけるパラドックスも垣間見れる．

—種多様性を形成するメカニズム—

　極域から赤道へと向かい，緯度が下がるにつれ，生物多様性が増加する．熱帯での多様性の高さは，植物や動物の種数だけではなく，遺伝子や系統樹から見た多様性も高く，さらには人間社会の文化や言語の多様性まで高い[108]．熱帯の生物多様性の高さには，非常に長きにわたって関心が寄せられている．たとえば，1750年代にはすでに，カール・リンネによる記載に多くの熱帯の動植物種が含まれていた．その後，4世紀にもわたって探求されてきた熱帯

③ 生物多様性を形作る—偶然性と必然性が織りなす 85

の生物多様性は，たくさんの理論的な説明付けがなされてきた．

　生態学に深く関連する学術分野として，「生物地理学」がある．生物地理学とは，地理的に広い範囲を対象に，生物や生態系プロセスの分布について探求する学術分野である．特に，地理的勾配（たとえば，緯度勾配など）に着目し，生物の遺伝子，個体群や群集などのさまざまなレベルで，環境変化と生物との対応を把握することに重点を置いている．熱帯が温帯や寒帯よりも生物多様性が高いことは，生物地理学的な視点からも多くの考察がなされている．ここでは，比較的に局所的なプロセスに着目しているジャンゼン・コンネル仮説とは異なり，より地理的に広範な視点から生物多様性に迫る考察を紹介する（詳細は，[108] を参照されたい）．

　生物地理学では，熱帯林の歴史的な背景や生態学的なプロセスに，多くの注目が寄せられている．前者については，たとえば熱帯域では，現在の温帯域とは異なり，最終氷期に大陸氷床に覆われていないことで，多くの生物種が古くから生育できていたことが，熱帯にさまざまな生物種がいることの理由と考える．後者については，たとえば，熱帯域では温度が高く概して生産性が高いことに着目している．植物の光合成を介した一次生産は，大半の生物のエネルギー源であるので，一次生産性が高い熱帯地域では，より多くの生物種が食物等を分かち合い共存できる「許容力」の高さを有するというものである．これは，しばしば「大きなパイは，たくさんのピース（ひと切れ）に切り分けることができる」，あるいは，『大きなパイがあれば，生き残るに必要な大きさのパイひと切れを得ることができる』と表現される（**図 3.2**）．全球的に観察すると，温度上昇や緯度低下の勾配に従い，生産量（純一次生産量）が上昇し，種数も増加する傾向が認められることから，この「生産性仮説」は，長きにわたってたくさんの支持を得てきた（なお，砂漠などでは温

図 3.2　生産性仮説に基づくパイの分割の概念図
同じサイズの一切れのパイを食べるためには，パイが大きいほうが沢山に分けることができる．（絵：前田瑞貴）

度環境が十分でも，水分が無いがために生態系における生産性が減少するように，生産性は水分環境の勾配によっても変化することに留意したい）．これまでに提唱されてきた仮説は，必ずしも互いに排他的なものではなく，いずれも熱帯での生物多様性の高さについて，一理ある説明をしている．

　歴史的要因について，ダニエル・ジャンゼンが，負の密度依存効果に関する仮説の発表以前に，興味深い仮説を提唱している [117]．この仮説は，「なぜ熱帯では峠が高いのか？」というものである．個々の生物種の有する温度耐性に着目した比喩である．熱帯では温度の季節変化が小さく，そのために個々の生物種が経験する温度偏差が小さい．一方で，温帯などでは，温度の季節変化が大きく，個々の生物種が耐えうる温度域が広くなっている．山を登り，峠を越えるためには，温度が下がることに耐えなければならない．そのため，温帯種は温度低下に対応しつつ山の峠を越えて，やがて他の山に分布を広げることができるのに対して，熱帯種は同じ高さの峠を越えれずに，同じ山に留まり分布を広げることができないことを表している．この説明は，熱帯種は，歴史的要因（長きにわたって温度の季節変化にさらされてこなかった）と地理的要因（その結果，少しの地形が分布拡大の障壁となる）により，分布域が狭くな

ってしまったことを示唆している．この仮説が提唱されて 40 年後，脊椎動物についても，熱帯の種は高緯度に生育する種よりも分布の標高幅が狭いことが分かってきた [118]．移動と分散が植物よりも制限されていない動物であっても，生息できる温度域の制限が，熱帯では強いのである．これらの結果として生じる局所的な多様化や種分化によって，地形的に多様な熱帯域では，特に種多様性が高くなっていると考えられている．

　近年着目されていることとして，米国の生態学者であるジェームス・ブラウンらによる「生態学の代謝理論」がある [108, 119]．この理論的枠組みでは，『赤の女王は，熱いときほど速く走る』との比喩的表現を用いて，生物多様性の地理的パターンを説明しようとする．「赤の女王」のくだりは，進化学において有名な「赤の女王仮説 [120]」に基づく．本来の赤の女王仮説は，ルイス・キャロルの「鏡の国のアリス」に登場する赤の女王が走り続けるものの，周囲の事物が常についてきてしまうがために，『同じ場所に留まるためには，走り続けなければならない』と述べたこと（**図 3.3**）に基づく．

　進化学における赤の女王仮説は，ある生物種が進化し敵対者との関係の中で少し有利になったとしても，すぐに敵対者も進化し追従してくるといったような，軍拡競争による進化の状況を比喩的に表現している．遺伝子や種が絶滅せずに存続するためには進化し続けなければならないとの主張である．そして，ジェームス・ブラウンの代謝理論に基づく説明「赤の女王は，熱いときほど速く走る」では，温度環境の高い低緯度帯では生物の代謝が高まり，生物間相互作用や進化プロセスが促進されることで，生物多様性が高まるとの考えを表している．

　近年では，長きにわたり生態学者により支持されてきた生産性仮

図 3.3 赤の女王

『鏡の国のアリス』では，赤の女王はアリスに対し，「ここではだね，同じ場所にとどまるだけで，もう必死で走らなきゃいけないんだよ．そしてどっかよそに行くつもりなら，せめてその倍の速さで走らないとね」と述べた[25]．（作画：ジョン テニエル）

説よりも，代謝理論のほうが種多様性の地理的変化をよく説明し得ることが，さまざまな分類群の生物を対象に報告されるようになってきた [60, 121]．ジェームス・ブラウンの説明によると，温度環境が好適であると単純に進化の速度が速いだけでなく，赤の女王仮説に基づく短期的な種間相互作用と長期的な共進化の双方が促進されることで，熱帯での生物多様性が高くなっている [108]．このようなプロセスについては，『多様性が多様性を生み出す』とも表現される．生物多様性が高いほど，赤の女王仮説に基づく生態学的・進化学的プロセスの多様さが高まるので，生物多様性がさらに高まる方向に作用すると考えられている．

―生物多様性を説明する理論―

ジャンゼン・コンネル仮説や生態学の代謝理論，その他の理論が，熱帯だけでなく，他の気候帯における生物多様性の形成と維持のプロセスをも説明し得ることが分かってきた．後述する「生物多

様性学と生物地理学の統合中立理論 [99]」も，当初の熱帯林における樹種多様性の理論的説明だけでなく，他の分類群や気候帯における事象を検証するために広く用いられている．

カナダの生態学者であるマーク・ヴェレンドによると，群集生態学における生物多様性を説明し得ると考えられる理論は，24 種類に大別できる [103]．これらの理論が強調するメカニズムは，どれか一つが正しいわけではなく，互いに独立のものでもない．それぞれが互いに相補的な役割を果たしており，まさに多様なプロセスの積み重ねとして，生物多様性が形成されている．

3.2.2 必然性の果たす役割

生物群集の集合プロセスを司り，生物多様性を形成するメカニズムとして，まず着目すべきは「必然性」の在り方である．ここで，重要となるのが「ニッチ」の考え方である [122, 123]．

—ニッチとは—

ニッチについて説明したい．生態学におけるニッチは，「生態的地位」とも呼ばれる．それぞれの生物種が他種との共存過程の中で生き残り，共存するために見出す各々の地位のこと（生態系の中での位置づけ）を指す．

ニッチの用語そのものは古くから用いられてきたが，米国の動物学者であるジョージ・イヴリン・ハッチンソンによる定義と解説が広く浸透している．ハッチンソンの説明によると，生物が必要とする資源や環境条件は多次元であり，その多次元空間の中で個々の種が微妙に違いを見せることで（つまり，棲み分けすることで），多種が共存可能となる（**図 3.4**）．

この考え方は，「競争排除」を回避するにおいて重要で根源的な

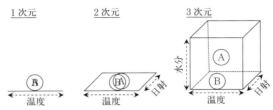

図 3.4 ニッチの多次元化

ニッチ軸が 1 次元から 3 次元に変化することで，2 種が異なる地位にいることを模式的に示す．温度環境だけを考慮すると（1 次元：左図），種 A と種 B は全く同じ温度環境を好み，ニッチが完全に重複している．しかしながら，日射に対する種の選好性を考慮すると（2 次元：中図），2 種は微妙にニッチがずれている．さらに，水分環境への選好性を加味すると（3 次元：右図），2 種の重複は完全になくなった．このように，ニッチの次元軸を多次元にすると，個々の種が特徴的になり，種間の違いが生まれる．なお，ここでは単純化のために，環境条件だけをニッチ次元として例えた．しかしながら，実際には，食物や光，栄養塩のような資源も重要なニッチ軸である．

ものである．もしも異なる 2 種が完全にニッチが重複しているならば，種間の激しい競争が生じる．そのような場合は，2 種は長期的には共存できず，どちらか一方が競争に負けて排除されてしまう．

　似通った 2 種間で競争排除が生じることについては，旧ソビエト連邦の生態学者であるゲオルギー・ガウゼによる実験がよく知られており，ガウゼの法則とも呼ばれる [124, 125]．ガウゼによる一連の実証実験の中では，2 種のゾウリムシを用いた水槽での実験が，最もよく知られている．水や餌といった条件を一定に保つと，競争排除が生じ得ることを示した．ここで興味深いのは，ガウゼの実験では，水や餌の条件を変化させると，競争排除が起こらないことも示したことである．競争排除が生じるのは，あくまで環境や資源の条件が一定で保たれたときだけとも言える．ガウゼの実験は，競争排除の実証例として有名だが，むしろ，『2 種はまったく同じようには生きられない』ことを証明したことがより重要なのかもしれない．

実際には，自然界では非常によく似た生物種が共存していることや，完全なる競争排除の事例が限られていることが，たびたび指摘されている．特に，ハッチンソンによる「プランクトンのパラドックス」が，有名である [126]．ハッチンソンは，ごくわずかな限られた資源軸しかない海洋の環境で，非常に多種のプランクトンが共存していることから，競争排除則が成り立たないことを指摘した．

多種が共存するためには，種間で何らかの棲み分けが生じていると考えられている．このようなニッチの種間差をもって，「ニッチ分割」と表現される．なお，ニッチは，「基本ニッチ」と「実現ニッチ」に大別される．前者は，生物種が理論上存続可能な環境や資源条件からなる潜在的なニッチで，後者は，自然界で多種との競争などの結果として実際に見られるニッチである（**Box 3.1** も参照のこと）．

―必然性に基づき生物多様性を把握する―

ニッチの概念や，ニッチに基づく多種共存のメカニズム，生物多様性の維持については，長きにわたり非常に多くの研究例がある．個々の詳細については，群集生態学に関する書籍などを参照されたい．ここでは，いくつかの事例に着目して，個々の種のニッチに基づき，必然的に生物多様性が作られ保たれているとの考えや研究事例を紹介する．

ここで紹介するのは，生態ニッチモデリング，あるいは種分布モデリングなどと呼ばれる，環境条件に応じた生物種の地理的分布の予測についてである（[128] に詳しい）．基本的な枠組みでは，気候や土壌などの環境条件に対して，個々の種のニッチに応じた物理的な環境条件への選好性があると仮定する．そして，コンピュータのアルゴリズムを適用し，個々の種の生息可能な環境条件（温度，

Box 3.1 ニッチの用語

　ニッチを軸とする競争関係の考え方は，ビジネスの世界でも適用されてきた．米国の企業家であったブルース・ヘンダーソンは，生態学におけるニッチの考え方やガウゼの法則による競争排除の考え方を受けて，企業の存続には，競争相手との戦略の相違が重要であることを強調している [127].

　現在，ニッチの用語は，本来の意味から発展し，産業界などでの「立ち位置」や「隙間」を意味するようにもなっている．ニッチの概念を把握するにおいて，効果的と思われるので，補足的に説明したい．

　自由競争に基づく資本主義経済の中では，ニッチが完全に重複した企業同士では，激しい競争が生じ，結果としていずれかの企業が倒産するかもしれない．そのために，たとえ似通った企業同士でも，ニッチが異なることが共存にとって重要である．自動車生産会社とコンビニエンスストアチェーン（以下，コンビニ）の会社では，企業としてのニッチはほとんど重複していない．ゆえに，企業としての直接的な競争は生じない．一方で，コンビニ企業同士では，ニッチがかなり重複している．競合関係にあるが，複数のコンビニ会社が市場で競争しながらも共存している．これは，コンビニという同様の企業形態を持ちながらも，実際には各社が微妙に異なるからである（競争排除が回避できている）．たとえば，あるコンビニ会社 A は，別のコンビニ会社 B よりもコーヒーの提供で優れているが，会社 B は会社 A よりもファーストフードの提供で秀でているかもしれない．このような微妙なニッチの違いがあってこそ，異なる企業が共存できるのである．

　隙間の意味合いの代表例は，隙間産業である．誰も着目していないビジネスプランを見出すことで，競争相手がなく，市場を独占状態にできることがある．このような場合は，ニッチが空いていると表現される．このように，自由競争の資本主義のなかでの企業間での共存においても，ニッチ分割が重要と考えられる．

降水量，地形，積雪深など）をもとに，種の空間的な分布を推定する．種分布モデリングの研究は，非常に盛んで，現代の生態学の中でも一大分野となっている．必ずしも多種を対象にモデリングを行う必要はなく，興味のある特定の種を対象にしたモデリング研究が多い．

ここで興味深い研究を紹介したい（**図 3.5**）．この研究では，サスカッチ（ビッグフットとも呼ばれる未確認生物で，日本語では雪男と称される）の目撃情報をもとにして，環境条件とのマッチングにより，将来的な分布変化を予測した [129]．その結果，温暖化に伴い沿岸部や低標高の地域からは，サスカッチは消え去り，高標高

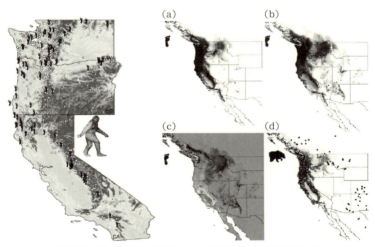

図 3.5 米国西部におけるサスカッチの生態ニッチモデリング
この研究では，サスカッチの目撃情報（左図）と気候条件をもとに，現在（上中のa図）と気候変化後の将来（右上のb図）の地理的分布を推定した．中下のc図は，a図とb図の差分で色の濃いところほど，将来の分布が予測されるところである．これによると温暖化の進んだ将来のサスカッチの分布は，標高の高い山岳地に限定されるとのことである．なお，右下のd図は，アメリカグマの生態ニッチモデリングの結果であり，a図と非常に類似することが見て取れる．（[129] 図1，図2より引用）

域に追いやられることが予測された. 雪男なので, 温暖化が進む
と積雪があり寒冷な高標高帯へと移動することは, 合点がいく話
である. ところで, もちろん, サスカッチが実在すると言う話では
ない. 実際には, サスカッチの地理的な分布予測は, アメリカグマ
(ブラックベアー：*Ursus americanus*) の分布予測と重複するこ
とから, 著者らは, サスカッチの目撃情報の多くはアメリカグマで
はないかと結論付けている.

生物多様性の文脈では, 個々の種の広域的な分布の図を重ね合わ
せていくと, その結果として生物多様性マップが出来上がる. この
ようなモデリングを行うことで, 現状の生物多様性 (種多様性, 機
能的多様性や系統的多様性) の地理的な分布を俯瞰できるだけでな
く, 将来の温度や降水量変化といった気候変動に対する生物多様性
の応答を推定することができる (たとえば, **図3.6**).

生態ニッチモデリングは, 環境条件に基づく種の潜在的な分布を
推定する点で, 基本ニッチに基づく地理的分布の推定を行っている
とも言える. しかしながら, ニッチが似通った競争関係にある別の
種の存在により, 実際の種の地理的分布が潜在的な分布範囲よりも
縮小していることがある. 言い換えると, 実現ニッチに基づくより
現実的な種の地理的分布を推定するには, 物理的な環境条件だけで
なく, 生物間相互作用のような非物理的な条件 (競争のような生物
種間のプロセス) も加味する必要がある. この点において, 生態ニ
ッチモデリングは, 長きにわたり批判を浴びてきた [130].

さまざまな弱点があるが, 生態ニッチモデリングは, 将来的な生
物多様性の応答を気候変動などの将来シナリオに応じて予測できる
点で (図3.5や図3.6のように), 非常に有用な研究アプローチであ
る. ここで, 生物種のニッチを前提としたもう一つの重要な研究を
紹介したい.

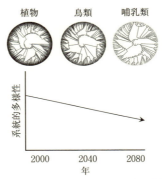

図 3.6 欧州における植物（1280 種），鳥類（340 種），哺乳類（140 種）の系統的多様性の将来予測
種分布モデリングをもとにして推定された．上：左から植物，鳥類，哺乳類の系統円．下：2080 年までの変化予測．将来的な温暖化に伴い，欧州全体としての系統的多様性が減少することが予測されている．([131] を要約)

フランスの研究グループは，森林性の草本植物群集を対象に，温暖化に対する生物種の遅れを検証した [132]．動物と異なり，多くの植物は固着性（芽生えた場所から動けない）であるので，気候が変化し仮に温度環境が劇的に変わっても，より気候的に快適な場所へとその個体が移動することはできない．たとえば温暖化が進むことで，その種にとっての生育適地がより高緯度や高標高へとずれる．しかし，動物のようには移動できないので，植物は種子生産と散布を介して，世代をまたいでゆっくりと対応するしかない．もしも種子散布を介した分布域の移動の速度が温暖化の速度よりも遅ければ，植物種は温暖化に対応できずにどんどん取り残される．彼らはこの状況を定量的に示した（**図 3.7**）．

この研究では，生態ニッチモデリングを逆に扱っている [132]．従来のアプローチでは，気候などの環境条件をもとに生物種の分布を予測する．しかしながら，この研究では，1965 年から 2008 年ま

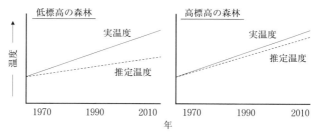

図3.7 フランス全土の森林で林床草本群集からの推定温度(点線)と気象ステーションで観測された実温度(実線)の経時変化
植物群集側の推定温度は,44年間のモニタリングデータに基づいて算出.左図:低標高の森林.右図:高標高の森林.とくに低標高の森林では,植物群集が実際の温度上昇に対応できずに,近年の急激な温暖化以前の温度帯に留まったままであることが示された.原図では温度の年変動が描かれているが,ここでは簡略化のために,長期的な線形増加のみを示した.([132]を要約)

での44年間,フランス全土の森林を対象にモニタリングされてきた実際の草本植物群集のデータを用いた.そして,個々の植物群集は気候条件とマッチングしているという前提に基づき,この場所でこの植物群集が観察されたから,気候条件はこのような感じだといった,演繹的アプローチをとった.高山で見られる植物群集が観察されると,その場所は寒冷で夏が短い場所であるといった具合に,植物種の分布情報から気候条件の地理的分布を再構築した.その結果,低標高の森林性植物群集のほうが,高標高の森林性植物群集に比べて,実際の温暖化に対して遅れを取りつつあること(タイムラグが生じていること)が分かった(図3.7).

ここまで紹介したニッチに基づく種や群集の分布モデリングでは,個々の種には生育に必要な特徴的な環境条件があることを前提とする.しかしながら,実際には,ある種が存在すると期待される環境条件でも,その種が見られないことが多々ある.これには,さまざまな群集プロセスが関わる.ニッチが似ている他種との競

争，宿主と寄生者の関係，捕食被食の関係，後述する偶然性の効果など，実際の自然界は非常に多様なプロセスが同時に働き複雑である．それゆえに，個々の群集プロセスをより加味したモデルの必要性も提唱されている [133]．近年では，生物同士や生物と環境との間の相互作用などをより加味したモデルが考案されつつあるが，その道のりはまだまだ険しいと考えられている [130]．

―ニッチによる多種共存の成立条件―

　ここで，米国のピーター・チェッソンの主張 [111] に端を発する多種共存のメカニズムの考え方に触れたい．ここでは，多種共存が成立するかどうかには，種間の「ニッチの違い」と「適応度の違い」が関わると考えられている [103, 134]．

　「ニッチの違い」については，原著に忠実に表現すると，種間のニッチ差を安定化させるメカニズムに着目している．やや難解な表現であるので，要約したい．自然の中では，先述したジャンゼン・コンネル過程（負の密度依存効果）などにより，特定の種が優占することを妨げるメカニズムが存在する．言い換えると，ある種が他種を抑制するよりも，自身を抑制するメカニズムが強いことで，多種共存のために必要な種間のニッチの違いが維持できることが重要である．あるいは，何らかの種内競争により，他種のニッチを脅かし奪い取るほどに強い種間の競争効果が生じ得ないとも考えられる．自然の中では，ジャンゼン・コンネル過程に代表されるような一部の種の独裁状態になることを防ぐ多様なメカニズムがある．その結果として，種間のニッチの違いが安定的に維持されるのである．

　つぎに，「適応度の違い」について述べる．ここで述べる適応とは，進化の枠組みで用いられる適応とは異なることにまず留意した

い．ここでは，上述のニッチの違いを安定化させるメカニズムがないときに，種間競争の結果としての各種の適応度の差分に着目する．ここでも表現が難解なので，要約する．資源を巡る種間の競争においては，各々の種の競争力は必ずしも等しくはない（注：異なる種は異なる特定を持つので，競争力も種間で何らかの形で異なると明言したいところだが，後述する中立プロセスと齟齬が生じるために，そのようには表記しない）．競争力の種間差が十分に大きい場合には，競争力に勝る種が劣る種を追いやり排除してしまう．資源を巡る競争や厳しい環境条件下での存続において，より適応的な種が生き残る．そのため，多種共存のためには，この種間での適応度の相対的な差がニッチの違いよりも十分に小さいことが求められる．言い換えると，種間のニッチ差を安定的に維持するメカニズムのほうが，競争力で勝る種が独占状態になるメカニズムに比してより重要であることが，競争排除を回避し，多種共存を成立させるための条件であると考える（**Box 3.2** も参照されたい）．

3.2.3 偶然性の果たす役割

ここまで，ニッチや競争力には種間差があり，環境条件や生物間相互作用，種内と種間の競争などの結果として，必然的に多種が共存し，生物多様性が保たれることを述べてきた．つぎに着目したいことは，「偶然性」である．偶然性と必然性を分離することは難しい．偶然性には何らかの形で必然性が付きまとう．ここでは，まずは生物多様性を形作るにおいて偶然性の作用するところ，その重要性を解説したい．

―限定的な偶然性と確率論―

個々の生物種が固有のニッチを見出し，生物間相互作用や環境条

Box 3.2 「ニッチの違い」と「適応度の違い」について

　まだまだ説明が難解かつ複雑である．ゆえに，ここで再びコンビニエンスストア企業（以下，コンビニ）同士の競争の事例に例えたい．ある全国大手コンビニチェーンS社と小規模コンビニチェーンT社があるとする．企業の有する資本や事業規模ではS社がT社を圧倒する．全国の多くの顧客が恒常的にS社を利用する．このような状況下でも，T社はS社によって市場から競争排除されない．そこには多くのメカニズムが存在するだろうが，ここでは上述の「ニッチの違い」と「適応度の違い」に焦点を当てながら，単純化して概説したい．

　ある地域に，S社とT社がチェーン店舗を構えているとする（**図3.8**）．その場合，商品流通量の多さなどから，比較的に安価だが品質の高い商品を展開できるS社の店舗が有利となり，長期的にはT社の店舗は順次閉店に追いやられるかもしれない．T社には，S社とまったく同等の品質と価格で商品提供をできるだけの資本や事業の規模がない．S社は，他社を圧倒し市場をできるだけ独占するために，チェーン店舗を増やしていきたい．しかしながら，もしもその地域で，S社がどんどんコンビニ店舗を増やしていくと，顧客はS社商品に飽きを覚え，T社のコンビニ店舗に足を運ぶようになる．S社の店舗同士で顧客の奪い合いが発生する．いくらS社が大規模な事業展開をしており，商品の宣伝や流通などが行き渡っていたとしても（S社がコンビニ顧客を巡る

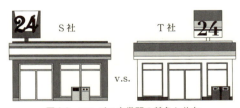

図3.8　コンビニ企業間の競争と共存
事業規模と資産で劣るT社が生き残り，強大なS社と共存するために必要なことは？

競争において，より「適応的」であるとしても），自社店舗が過剰になると一部店舗やひいては自社の総売り上げに負の影響をもたらしてしまう（S社自身に，「負の密度依存効果」が生じる）．その結果，S社が未提供の商品やサービスをT社が提供するなどといった何らかの差別化がある限り（T社がS社と異なる「ニッチ」の位置を保つ限り），競争力で劣るT社のコンビニ店舗は，S社によって完全に排除されることを回避し市場に存続し得る．人は食べ物に代表されるような商品群やサービスにも，高い多様性を求める．そのような需要があり，T社がたゆまぬ企業努力を続けることにより（鏡の国のアリスの「赤の女王」のように走り続けることで），S社との共存が可能となる．

件とのマッチングの結果として，規則的に出現し存続するのであれば，ある場所にどのような種が出現するのか，ある群集の構成種がどのようなメンバーなのかを予測することが可能なはずである．しかしながら，実際には，予測とは異なる種が観測されることが多々ある．ある山で，この立地，この気候条件ならば，この植物種が観察できるはずと期待しても，実際にはその種を見つけることができない．このようなことは普遍的に生じる．このような予測不可能性や規則性の欠如をもって，偶然性の作用するところ，あるいはランダムな出来事と解釈される．

　それでは，偶然性とは何だろうか？　何らかの規則性を見出し証明することは，容易ではないが可能である．対して，真の偶然性——ありとあらゆる規則性からの分離——というものは，証明が事実上不可能な事象である．できる限りの可能性を検証しても，規則性が見出せないとしても，それは規則性がないことの必要十分な証明には至らない．知識や情報が足りないことにより，規則性を見いだせていないだけかもしれない．『証拠が無いことは，無いことの証明ではない』とも言える．ゆえに，ここでは偶然性を定義したい

（限定したい）.

　群集生態学，とりわけ群集集合の考え方では，たとえば，このような環境条件ならば，この種がいてもよいはずなのに，何らかの理由で「たまたま」いないと考える．このような解釈が，群集集合における偶然性の捉え方である．つまり，偶然性に，「何らかの理由」という必然性を（多くの場合，暗示的に）内包して捉える．言い換えると，生物多様性の形成や変化過程を理解しようとする際に，既知の必然性に基づく期待値と実際の観測値の間にズレが生じ得ることには，理解あるいは観察できていない「何か」が生じていると考える．異なる種が集合し共存する過程の中で，真に純粋なランダムな出来事というものが起こっているのかどうかは，誰も知り得ない（**Box 3.3** も参照のこと）．

―偶然性が作用する―

　それでは，偶然性が多様性の形成に確率論的に作用することを実証した研究をいくつか紹介したい．なお，現在そして将来の生物多様性の形成には，長い時間をかけての種の絶滅や種分化といった進化プロセスも深く関わる．どのような遺伝情報が選択され，どのような種が淘汰され，どのような種が残り，どのような種が生まれたのかにも，ある一定の偶然性が作用する．ここでは，そのような進化学や集団遺伝学の枠組みにおける偶然性の役割ではなく，現存する地域の種プールの中から，局所的な群集にどのような種がどれだけ出現するのかといった，群集生態学の枠組みに着目して解説する．

　古典的な考え方では，ある環境で成立する生物群集には，ある決まった唯一無二の最終的な姿があるとする（「平衡状態」を想定すると言われる）．これは，「極相」と呼ばれる．今から 100 年ほど

Box 3.3 偶然性と確率論

偶然性は，数学における「確率論」にもしばしば例えられる．コイントスやサイコロを振る行為の結果は偶然性に支配されたものだが，このような試行を多数行った結果としての現象については，数学的に論じることができる．

日本で宝くじを買うとき，高額配当のくじの当せん確率は，1千万分の1とも言われている．このような確率の中で，もしも自身が3枚だけ購入した宝くじが当たれば，それは偶然の出来事と言える．ここには自身が当たりくじを引く必然性はない．しかしながら，日本全国のどこかで当たりくじを引く者がいるのは，必然である．あるいは，自分自身だけで宝くじを1千万枚購入すれば，1等くじを引くのは，限りなく必然となる（必然に近づく）．以上から，偶然性には，確率論的な規則性と必然性が伴うとも言える（図 3.9）．

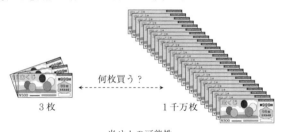

図3.9 宝くじが3枚と1千万枚

1等賞金が3億円の宝くじ（300円／枚），当せん確率が1千万分の1とする．1千万枚買えば，3枚だけ購入で1等当せんに比して，1等当せんが限りなく必然に近づく．

前，米国の植物生態学者であるフレデリック・クレメンツが，植生が時間とともに推移する「遷移」の考え方を見出すとともに，極相の考え方を提示した [135]．

たとえば，日本の冷温帯では，多くの場合，落葉広葉樹林が成立する．極相で優占する代表的な樹木種は，ミズナラやブナ（*Fagus crenata*）である．台風などで大規模に森林が撹乱されると，樹木が倒壊し空いた空間ができる．この空き地には，カバノキ属（*Betula*）やヤナギ属（*Salix*）などの遷移初期種の樹木が侵入定着する．やがて，遷移に伴い優占種が交代し，最終的にはミズナラやブナが優占する森林へと戻る．長きにわたって，植生学や植物生態学では，環境条件に対応した画一的な極相が存在し，遷移の結果，最終的には同じ状態に戻ると考えられてきた．

しかしながら，たとえ同じ環境条件でも，出現し優占する種のメンバー構成が大きく異なり得ること，唯一無二の極相に辿り着くとは限らず，異なる姿へと達し得ることなどが，次第に明らかになってきた（図3.9）．なお，このような自然システムの「非平衡状態」——言い換えると，平衡状態を仮定することの非現実性——は，必ずしも新しい考え方ではなく，古くから度々指摘されてきた（[126]など）．

環境ありきですべてが必然的に決まるわけではなく，群集の遷移や発達の過程の中で生じる何らかの偶然性の作用するところにより，異なる群集状態が生じ得る（代替安定状態や多重安定状態と呼ばれる）（**図3.10**）．このような現在の群集構成からは，容易には測り知ることができない過去の出来事を，「履歴効果」あるいは「歴史的偶然性」と呼ぶ．このような歴史性の果たす役割については，群集生態学者であるジョナサン・チェイスと深見理による総説に詳しい[136, 137]．

歴史性や偶然性を司る要素として，「先住効果」が挙げられる[136, 138]．先住効果とは，その場所に先に到達し棲みついた種の影響により，後から来た種に対し何らかの影響が生じることを指

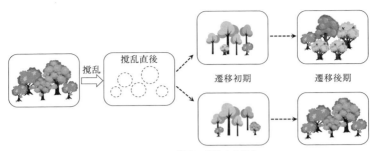

図 3.10　履歴効果と代替安定状態

ブナとミズナラが優占する夏緑樹林（左図）で，撹乱が生じ，長い時間の遷移を経て，再び発達した森林へと戻る（右図へ向かう）．しかしながら，元の構成樹種が優占するとは限らず，異なる森林の様相を示すことが起こり得る．図では，遷移後期に達した段階で，下のパッチでは，元と同様の樹種構成の森林となった．一方で，遷移初期の移入履歴の異なる上の森林パッチでは，遷移後期に至っても，元の樹種構成と大きく異なる．（アイコン：designed by Terdpongvector-Freepik.com）

す．先住効果に関しては，先住種が後続種にとって有利な状況を生み出す場合もある（促進効果と呼ばれる）が，先住種が後続種にとって不利となる効果を生み出す場合について，特に着目されている．たとえば，先住種がすでに資源を占有していたり，環境条件をその種にとって都合がよい状態に改変していたりすることで，後続種にとって不利な状況が発生する [137]．その結果，初期の環境条件が同じ場所でも，画一的な種構成（つまり，唯一無二の極相の状態）に至らず，多様な群集が形成される．先述したチェイスや深見らの実証研究により，先住効果が生物多様性の形成に深く関わることが示されてきている [139-141]．

　ここで今一度，偶然性の中の必然性について考えたい．先住種がいることで，環境的には好ましいのに，その場に加入したり定着したりすることができない後続種がいるとする．後続種からすれば，自身よりも先に他種がいるのは，たまたま（漢字では，「偶々」）で

あり，偶然性の司るところが大きい．しかしながら，自然界では，先住種と後続種がまったくニッチの異なる種なのかどうかも問題となる．先住種が似通った資源を利用したり，環境を好んだりするからこそ，先住種の存在が後続種にとって不利となる．このような場合，ニッチに一定以上の重複があるという必然性が関わっていると言える．

異なる状況から解説したい．偶然性は，われわれの日常生活でも常に生じている．先住効果も然りである．たとえば，時おり訪れる映画館で，いつも座る鑑賞に適した席が，ある日は先に来た誰かによって，「たまたま」すでに座られていたといった具合である．ここで考えたいことは，その席が鑑賞に好ましいと同じように捉えた誰かがその日は先に座っていたのならば，席がすでに埋まっていることは，偶然性の中に必然性が働いた結果と言える．ここでの必然性は，映画館という環境の中での選好性が，両者で重複したことである．何度も同じ映画館に通い同じ席で映画鑑賞をしていると，このような事態が発生する確率が上昇する．偶然の事象が確率論的にも必然性をもって，発生したと言えるのではないだろうか．

このように，過去の歴史性や履歴は，偶然性によるところだが，そこで生じるプロセスには，必然性が関与する．

ここでさらに，多重過渡期状態 [142] について紹介したい．米国・スタンフォード大学の深見理らは，木材に木材腐朽菌（分解菌）を接種する実験により，菌種の移入履歴が，木材上の分解菌群集の多様性を変え得ることを定量化した [143]．この研究の結果の一部は，**図 3.11** で示した．どの菌が最初に導入されたのかといった履歴によって，木材上の種数が異なっていた．さらには，木材がどれだけ腐朽・分解しているのかも，群集履歴によって異なっていた．ここで興味深いことは，木は分解してやがてなくなるので，最

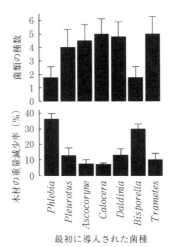

図 3.11 履歴効果と多重安定状態,多重過渡期状態について
木材腐朽菌の材への接種後1年後の結果.上段:各木材上の菌類の種数.下段:各木材の重量減少率(分解速度を表す).([143]図2,図4より引用)

終的なエンドポイントは,重量ゼロであり,木がないので腐朽菌もいなくなる(種数はゼロになる).つまり,この場合は,最終的なエンドポイントが多数あるのではなく一つだが,そこへ向かう経路に多様性があると考えられる.このように,群集における履歴効果は,多重過渡期状態[142]を生じさせ,生物多様性に寄与する.

実際には,自然界で存在する生物種の組合せとしての群集に,最終的な状態というものを定義することは不可能である.自然界はダイナミックに変化し続けているものなので,最終的な安定状態に多様性があるというよりは,変化し続けていく過程の姿に多様性を見出すべきなのかもしれない.

過去を知ることは困難である.ほぼ不可能と言ってもいいだろう.それゆえに,過去に生じた探知できない出来事は,現在からみ

れば偶然性である．生態系は常に変化し続けるものであり，今も偶然性と必然性の相互作用の中にある．歴史性が生物多様性に与えてきた影響を知ることができれば，今後の生物多様性の変遷についても示唆を得ることができるかもしれない．しかしながら，偶然性を予測することはできない．いつどこで何が起こるのかを正確に予測することはできない点で，天気予報と同様であるとも言われる[136]．

　生態系が予測可能であるものであれば，これだけの生物多様性が自然界で発揮されてはいないだろう．偶然性だけに支配された生物群集というものは，あり得ない．あくまで偶然性の司るところは，必然性との重ね合わせのなかで生じる．言い換えると，必然性に多様さをもたらす偶然性が作用するからこそ，さまざまな可能性，生物多様性の姿が生まれ，これからも変化していけるのだろう．

―中立性―

　必然性と偶然性の対比の中で，重要な帰無仮説として，「中立理論」がある[99]．生物多様性の形成を理解するにおいて，ニッチを軸とする必然性の考え方が圧倒的な中，次第に個々の種や生物の「中立性」を重視する考え方が広まり始めた．生物多様性の成り立ちと維持のメカニズムを議論するにおいて，中立説は避けて通れない重要な仮説である．

　最もよく知られた中立説は，米国・カリフォルニア大学のスティーブン・ハッベルによる「生物多様性学と生物地理学の統合中立理論」である．この書籍については，日本語での訳書がある（平尾ほか[144]）．その他にも，大串ほか[101]，久保田[145]，宮下ほか[25]で解説されている．以下では，どうしても多少難解な内容になってしまうが，中立理論について概説したい．

ハッベルの統合中立理論では，個々の生物に対して「中立性」を求める [99]．中立性とは，同等性である．生きとし生けるすべての生物が，種の特性を超えて同等であると言っているのではない．どの種の個体も同等なので，誰がどこで出現しても不思議ではなく，生物多様性の発現に規則性がないということではない．ここでの中立性とは，同じ栄養段階にある生物群集内において，あらゆる種のすべての個体が生態的に同等であるとの仮定である．

中立理論では，種の特性や機能形質に基づいた種間差やニッチ分化を前提とはせず，すべての種の個体あたりの出生率や死亡率は一定であると考える．新たな種は既存の種から分化するが，この種分化率も種間差はなく機会的で同等とする．局所群集は，種の特性に依存しない機会的な死亡と出生が生じつつも（「生態的浮動」と呼ばれる），常に一定の個体数で満たされる．局所群集内である種の個体数がゼロになると，その種の局所絶滅に至る．局所群集内の個体数は，生態的浮動によって変動するが，減少分はメタ群集からの移入で埋められる．この移入率も個体ごとに差はない（ある種の個体は，別の種の個体よりも分散能力に秀でており，新たな場所へ移入しやすいといったことはない）．

なお，局所群集への移入は，メタ群集の種構成の影響を受ける．局所群集で1個体分の空きができたところに新たな1個体が移入できる確率は，すべての種をまたいで同等ではない．これは，メタ群集中の優占種（普通に見られ個体が沢山いる種）のほうが希少種（個体数がごくわずかの種）よりも，局所群集に出現しやすくなるためである（個体数が多いので出現しやすい）．これをもって，確率論的な種の分散プロセスとも言われる．このように，中立理論では個体あたりの中立性を仮定するが，そのことは，個々の種が希少であるとか優占するとかを無視してまったく同等に振る舞うとの仮

定を置くわけではないことに留意したい.

すべての個体が同等であるという中立性について，もう少し強調したい．統合中立理論は，生物地理学とマクロ生態学の理論的基軸である「島嶼生物地理学 [146]」に強く影響されている．島嶼生物地理学は，米国の生物学者であるロバート・マッカーサーとエドワード・ウィルソンによる理論で，島嶼における種数が，各島の面積（生息地サイズ）と大陸からの距離（隔離）で決まることを理論的に示した．島嶼生物地理学では，種特性は考慮されず，生息地間の移動分散は種ごとにランダムである．ハッベルによると，原著で明示こそされていないが，島嶼生物地理学は，すべての種が同等であることを仮定している．この点において，中立理論と共通する．ここで再度強調するが，中立理論は，この種ごとの同等性ではなく，個体ごとの同等性を大前提とする．この点が，島嶼生物地理学が統合中立理論へと，30 年以上への時間を経て昇華する上で，鍵となった事項である．

個体あたりの中立性の仮定のもとに，局所群集の種構成を予測すると，実際に観察されるパターンをうまく表現できることが示されてきた．この予測モデルに必要なパラメータはごくわずか（三つ）で，種特性に基づく複雑な種間の差異などを考慮せずとも，現実に観測される生物多様性のパターン（アルファ多様性やベータ多様性，種の個体数ランク曲線など，さまざまな実測パターン）を説明できる [99]．中立理論は，生物種が長い進化プロセスの中で環境条件や多種との関係性の中で適応し発現してきた特性を重視せずに，多種共存のメカニズムを解こうと試みる．このような大胆な考え方は，ニッチに基づく必然性を主とする生物多様性の研究に，甚大かつ深遠なインパクトをもたらした [147].

統合中立理論の発表以降，生物多様性の成立プロセスを理解する

110

において，ニッチ理論が正しいのか，あるいは，中立理論が正しいのかといったような二者択一論争が生じてきた（**Box 3.4**）．環境条件と種特性のマッチング，種ごとの戦略，ニッチ分化に基づく種間の棲み分けといったような長きにわたり支持されており，生態学者にとって経験的に受け入れやすい事象をあえて含み入れずに，機会的な出来事に注視するために，中立理論は多くの反発を招いてしま

Box 3.4　「統合中立理論」と種の個体数分布曲線

　中立理論は，大きな反響を呼ぶと同時に，大きな反発を招いたことでも知られる．その一例は，英国の学術誌であるネイチャー誌上で繰り広げられた論争にも見て取れる [148, 149].

　種の個体数分布の曲線（Box 2.2 で解説）に着目したい．なぜ各種の個体数は種間で均等ではなく，不平等なのか？　どうして稀少な種が存在し，存続できるのか？　といったことを説明するために，種の個体数分布曲線は長きにわたり着目されてきた．ハッベルの理論では，実際に自然界で観察された種の個体数分布を，中立モデルにより再現することに成功した [99]. つまり，種特性やニッチ分化などを前提とせずとも，現実の生物多様性のパターンを説明できることを示したのである．希少な種が絶滅せずに残り得るプロセスを説明するモデルを示したとも言える．

　詳細は割愛するが，米国の生態学者ブライアン・マクギルは，対数正規分布を帰無仮説として，この中立理論に挑んだ [148]. そして，対数正規分布が実データの個体数分布曲線をよく示すことから，中立理論に否定的な立場をとった．一方で，同じデータを用いてハッベルを含む研究グループが，対数正規分布を否定する証拠を提示した [149]. このように論争が沸き起こり，現在も続いている．しかしながら，各モデルの差はわずかで，いずれかの理論が正しいといった二者択一の結論が得られるわけではない [147].

った．しかしながら，ハッベル自身も強調するように [99]，実際の生態系では，生態的浮動に基づく中立プロセスとニッチ理論に基づくプロセスに，同時に作用している．ここで重要なことは，中立理論は，種の機能形質に反映されるような特性や戦略，ニッチを否定していることではなく，これら種間の差異といった必然事象以外にも，機会的な出来事がある程度に（ときにかなりの程度に）多様性形成に作用していることを強調している点である．

それゆえに，ニッチか中立かといった二者択一論ではなく，双方を認めつつ，両者の相対的な重要性を評価することが，より着目されるようになってきている（[150] など）．ここで，留意すべきことがある．ハッベル自身を含む中立論者によって繰り返し強調されているのは，中立理論は絶対的な事象として捉えるのではなく，現実の状態が中立性とどれだけ合致し，どれだけ乖離するのかの基準（帰無仮説と呼ばれる）と捉えるべきという点である [151]（**Box 3.5**）．

本章ではすでに，ニッチに基づく必然性の考え方，そして限定的な偶然性の考え方の双方において，個々の生物種の特性や特徴に基づくさまざまな必然性が働くことを紹介した．一方で，ハッベルの統合中立理論の中立性は，そのような必然性を前提としない．中立理論では，ランダムな死亡と出生，分散と種分化を前提とする．しかしながら，ここで観察と結果の関係性を間違ってはいけない．観察されたパターンが理論上説明できないランダムな状態を示すことが，中立性の証明にはならない．

中立性の定義は複雑で，解釈は困難である（Box 3.5 も参照されたい）．しばしば中立プロセスは偶然性と相同と捉えられている感がある（[154] に詳しい）．難解な表現になるが，ランダムな分散だけが作用するとき，局所群集の種構成は空間に依存した構造だけを

Box 3.5 「統合中立理論」の理解と評価に至るまで

統合中立理論は，長い時間を経てようやく認知されるようになった．スティーブン・ハッベル氏自身は，1967年に島嶼生物地理学の出版から中立性の重要性が認知されるまでに，随分と長い時間を要したと感じているようである．一方で，周囲の認識は異なるのかもしれない．

筆者が2012年に訪れた米国生態学会の年次大会では，学会史における過去の重要イベントを参加者が自由に書き込める白紙年表が用意されていた．そこには，2001年「統合中立理論の出版」との書き込みがあった．数日後，その年表パネルを見に行くと，違う誰かが先の書き込みを指して「too early」と書き足していた．出版から10年以上を経ても色褪せず，ようやく認知されるようになったのだろうか．あるいは，1967年から半世紀近くが経ったが，「中立性」の考えは，まだ先進的すぎるのだろうか．

中立理論には，過去の日本人の偉大な業績も関与している．種の個体数分布に統計学的な規則性を見出し，帰納法的アプローチを用いて，その理由を解き解そうとした最初の生態学者は，東北大学の元村勲である[152]．そして，生物多様性の中立説の基礎に関与した「中立進化説」は，国立遺伝学研究所の木村資生による[153]．中立進化説は，自然選択ではなく「突然変異」と「遺伝的浮動」を重視する．統合中立理論は，ニッチ選択ではなく「機会的な種分化」と「生態的浮動」を前提とする．ゆえに両者には共通点が多い．しかしながら，前者は1968年の論文出版以降に世界中に伝播したが，後者は1967年の島嶼生物地理学の出版以降，世界的認知までに随分と時間を要した．

2016年には，スティーブン・ハッベル博士が，統合中立理論により国際生物学賞を受賞した．受賞式典と記念シンポジウムのために来日したハッベル氏は，筆者に対し，当該の著書がこんなに評価されるとはまったく思わなかったと述べた．むしろ受け入れられないと感じていたようでもあった．本人からすれば当然の考えでも，周囲からすればあまりに大胆なアイデアである．現在の評価に至るまでに，相当の

苦労を要した様子が垣間見れた.

持ち，環境条件とは独立の構造を示す．そのような状況が観察されたときに，中立的であると解釈されているようである（たとえば，[155] などを参照されたい）．ランダムな分散は中立プロセスにとって必要だが十分条件ではない．ゆえに，環境に応じた構造性がメタ群集で見られないだけで，中立プロセスの証明には至らない．その他の多くの研究においても，ニッチ分化などに基づく必然性を見いだせないときに（観察上，ランダムな場合に），群集プロセスが中立であると解釈している事例がしばしば見受けられる．このような解釈の相違は中立性の定義（統合中立理論に準拠するのかどうかなど）にもよるだろう．

　ここで再度強調したい．統合中立理論に基づくプロセスでは，上述した必然性と絡んだ偶然性のような解釈とは異なり，種間の特性の違いやニッチ差などを強く考慮しない．この点では，中立理論における中立性は，群集集合の研究における偶然性とは異なることに十分に留意したい（**Box 3.6**）.

3.2.4　偶然と必然の間で

　ここまでで，生物多様性が成り立ち，維持されていく上での「規則性」を見出そうとする試みを紹介してきた．規則性が理解できれば，将来的な生物多様性の変化の可能性も推察できるようになる．それゆえに，基礎科学としての意味だけでなく，応用科学としての必要性からも，生物多様性を支えるメカニズムを解き解すことが求められている．

　規則性とは，すべての事象に必然性を求めているように聞こえるかもしれない．しかしながら，これまでに述べてきたように，限定

Box 3.6 複雑な世界を単純化して近似する

　筆者なりに別の視点から考える．現実世界の複雑性を忠実に再現し予見することは（現在の科学では）不可能であるが，それでも，できる限りに現実を忠実に表現しようとすると，数多の可能性を鑑みる必要がある．生物多様性についても然りで，環境条件がどのように変化するのか，それに応じて各生物種がどう応答するのか，生物間相互作用の変化，それらの結果としての種の存続（選択）と絶滅（淘汰）……など，可能性は無限である．

　無限の可能性をやみくもに追求することは，砂場に穴を掘り続けるのと同様の行為かもしれない．赤の女王が走り続けることには，やり続けること自体に意味がある．一方で，やみくもに砂場に穴を掘り続けることは，ただ進展がないだけで，継続の意味があるだろうか？ここで，複雑性を無限に追究するのではなく，逆にできるだけ単純化することで対処するという発想の転換が必要となる．この点で，中立理論は，できるだけ単純な仮定を置き，少数のパラメータだけで現実世界を近似する．いわば，最も節約的なモデルの一つとも言える．

的な意味での偶然性には必然性が絡み合う．偶然性の積み重ねとして生じる結果には，確率論に基づく規則性がある．機会的な出来事に基づく中立性に立脚することで，規則性を見出す中立理論が存在する．規則性とは，狭義の意味での必然性——言い替えると，「決定論」——だけを求めるのではなく，偶然性に基づく「確率論」にも着目することで，見出されることである．

　偶然と必然の間で何が生じているのか？　言い換えると，確率論と決定論の重ね合わせで何が生じているのか？　これを理解することが，自然界で起きていることに規則性を見出すために求められる視点である．

―ベータ多様性に着目する―

　類似した環境条件であるにもかかわらず，何らかの理由で，地域内の種構成が場所ごとに異なることがある（このような場合，地域全体としての「ベータ多様性」が高くなる）．つまり，環境条件に基づく必然性の予測だけでは説明できない偶然性のようなものが，現実世界では多分に作用しているらしい．さらに，自然界では，ランダムに局所群集に生物種が出現した場合に比べて，局所群集間の種構成のばらつき（つまり「ベータ多様性」）が高くなっていることが頻繁に観察されている [156]．それゆえに，ベータ多様性に着目することで，生物多様性を形成するメカニズムがどのように確率論と決定論の双方に影響を受けているのかを定量化する研究が，近年多く見受けられるになっている．ここで，いくつかの観察研究を紹介したい．

　池の群集における観察実験を紹介する [141]．初期条件を揃えた複数の人口池で生物群集を長期的に観察すると，場所間で群集の種構成にばらつきが観察された．つまり，ベータ多様性が高くなっていた．その理由としては，生態的浮動や先住効果によるものと考えられた．ここで，意図的に旱魃を生じさせると，ベータ多様性が低下した．異なる池の群集間で似通った種構成となった理由は，旱魃による生息環境のストレス増加に耐えられる一部の種だけが池に残り出現するという決定論的プロセスが生じたのである．このことから生態系における環境変動，特に人為的なストレスの増加は，局所群集間のばらつきにより保たれる地域の生物多様性が脅かされ得ることが示唆された．このように，生息環境における物理的なストレスが高い場所ほど群集集合における決定論的プロセスが卓越することが，ベータ多様性の変化からしばしば報告されている [157, 158]．

　筆者らの研究事例でも紹介したい．先述した著者らの土壌動物

（ササラダニ）の研究においても（図 2.17 にて紹介），自然度の高い森林では偶然性の作用するところがあり，局所群集間にばらつきが生じていた．一方で，カラマツ人工林では，土壌の環境が均質化されることで，決定論的に一部の種だけがあちこちで観察される単純な群集となっていた[69]．このように，ベータ多様性が環境傾度に応じてどのように変化するのかを観察することで，偶然性と必然性の相対バランスの変化を知ることができる．

　ここで誤解を避けるために強調したい．決定論的プロセスと確率論的プロセスのいずれが大事であるとかいう議論をしているわけではない．生態系ではそれら双方が作用しているので，いずれかを削除することの問題を指摘しているのである．自然界には環境変動に敏感な種もいれば，頑健な（鈍感な）種もいる．それゆえに，人為的な環境改変がある場合に，ときに後者の種ばかりが選択的に存続し得ること（前者の種が選択的に局所絶滅し得ること）で，生物多様性の形成プロセスの中で偶然性と必然性の相対バランスが崩れ得るのである．

　自然を観察することで，生物多様性の現状を評価することはできても，その過去を知ることはできない．それゆえに，環境が似ていても場所ごとになぜか観察される種のメンバー構成が異なる場合，何らかの偶然性の作用によりベータ多様性が高くなっていると判断されるときがある．しかしながら，過去には機会的に偶然生じた出来事により，個々の場所で必然的に種が選択されているかもしれない．別の表現を用いると，過去に生じた出来事は，現在からみれば偶然性である．しかし，その時点では必然性が働いている．このような「偶然と必然の重ね合わせ」の結果，生態系には多様な組合せの群集が出現し，ベータ多様性が高められているのである．

　先述したように，緯度や標高といった広域的な地理スケールに伴

う生物多様性の変化の理由を探ることは，生態学の一大テーマである．特に，緯度や標高が上がると生物多様性が減少することは，長きにわたり着目されてきた（図 3.2 や図 3.3 も参照されたい）．さまざまな議論の中，ベータ多様性の緯度・標高変化の理由に一つの結論を見出そうとした論文が，2011 年に米国・サイエンス誌において公表された [159].

　この研究では，緯度や標高が上がるとベータ多様性が減少するのは，局所群種の集合プロセス（本文で紹介した生物間相互作用に係る偶然性や必然性）によらず，単なるサンプリング効果であるとした [159]．緯度・標高の低い地域では標高や緯度の高い地域に比べて，種プールが大きい（ガンマ多様性が高い）ために，局所群集でさまざまな種の組合せが生じ得る（ベータ多様性が高い）．上述の研究では，このようなサンプリング効果を数学的に除去すると，ベータ多様性は緯度や標高によらずに一定であることを見出した（**図 3.12**）．言い換えると，低緯度や低標高に近づくほどにベータ多様性が高くなるのは，ガンマ多様性の高さによる数の効果であり，個々の群集における多様性形成プロセスは特段重要ではないとの主張である．しかしながら，本文で紹介したように，環境変化と群集プロセスの対応は，軽視できない密接な事象である．ここで，ベータ多様性の形成メカニズムを探る筆者らの研究を紹介したい [158].

　筆者らが，北海道・知床国立公園の羅臼岳において行った野外研究（**Box 3.7** で様子を紹介）では，樹木群集が効率的に資源利用と分割を種間で行う決定論プロセスが，標高が高くなるにつれて次第に卓越することを見出した [158]．環境ストレスの程度によって多種共存のメカニズムが変化することは，以前より知られている（ストレス勾配仮説；[160]）．この仮説によると，ストレス増加に伴い，種間のニッチ分割が効率的になる．筆者らの研究では，サン

図3.12 樹木群集のベータ多様性の緯度・標高変化

上図（[159]を概説）：緯度や標高が上がると，ベータ多様性が低下する．低緯度や低標高では，ガンマ多様性が高いために，局所群集に色々な種の組合せが生じ得る（ベータ多様性が高くなる）．この数の効果（サンプリング効果）を除去すると，ベータ多様性の緯度・標高変化がなくなった．下図（[158]を概説）：ガンマ多様性によるサンプリング効果（偶然性）を除去しても，まだベータ多様性に標高変化がある．その理由は，標高が上がると環境が厳しくなり，種間のニッチ分割が顕著になるためである．

プリング効果を数学的に除去してもまだなお，このような局所群集プロセスが鍵となっている実証を得た（図3.12）．偶然性と必然性の双方が作用する自然界における生物的なメカニズムの重要性を見出したのである．

　ベータ多様性をめぐる上記の議論には，複雑な背景がある．本書ではこれまでに，生物多様性の形成を考えるにおいて，広域スケールの話題（赤の女王仮説など）と局所スケールの話題（競争排除など）の双方を紹介してきた．それでは，生物多様性の成り立ちにとって，広域と局所のいずれの要因がより重要なのだろうか？　実際

Box 3.7　生物多様性の標高変化を探る野外研究

　ある夏，4ヶ国からなる研究チームを編成して，北海道・知床羅臼岳を毎日登った．悪天候が続き，ヒグマ (*Ursus arctos*) にも頻繁に遭遇し，マダニ（マダニ科：*Ixodidae*）やツタウルシ (*Toxicodendron orientale*) に苛まれながらのフィールドワークは簡単なものではなかった（調査者らを苛んでくるこれらの生き物も，生物多様性を担う要素ではあるのだが……）．早朝から山に登り，下山後も深夜までサンプル処理に追われた．このフィールドワークの日々は，野外活動に慣れている筆者でもなかなかに大変だった印象が強い（図 3.13）．なお，研究に必要なデータは，現地作業だけでは得ることができなく，植物形質の測定，動物種の同定，真菌の種多様性の定量化のための分子実験

図 3.13　調査の様子
野外観察型の生態学では，「ひたすら歩く」「山を登る」「モノサシで測る」「紙に記録する」「土を掘る」「葉をちぎる」などといった地味で素朴な作業を，晴天でも悪天候でもひたすら地道に続ける．写真（森 章）：ベアスプレーの噴射訓練（左上），森林での毎木調査（右上），泥まみれの調査隊（左下），下山後もサンプル処理や準備が続く（右下）．

など，研究室に帰ってからも続いた．

　このような苦労の果てに，樹木から，草本植物，シダ植物，蘚類，クモ類，内生菌や菌根菌等の真菌に至るまでの多岐にわたる分類群の生物多様性が，標高に伴いどのように変化するのを探る糸口を得た（[158, 161–164] などで公表）．

には，鶏と卵のどちらが先かという話のように，完全に因果関係を区分することは困難であるが，重要なテーマである [103]．

　先述のサンプリング効果による考え方 [159] では，広域的な地理スケールでの生物多様性形成プロセスを重視している．緯度勾配に伴う環境変化，地史的な背景や進化プロセスの違いにより，種プール（ガンマ多様性）に地域差があることに重点を置いており，局所群集の生物多様性は種プールの影響下にある．一方で，後述の筆者らの研究 [158] は，局所群集プロセスそのものが地理的勾配に伴い変化することで，広域的な生物多様性のパターンが生じていると考えている．言い換えると，前者をトップダウン型，後者をボトムアップ型と言える（図 3.12）．なお，筆者らの研究は，トップダウン型のプロセスの重要性を否定しているわけではなく，ボトムアップ型のプロセスも同時に相応の意味を持つことを主張している．広域かつ長期的なプロセス（種の淘汰，分化などの進化過程におけるプロセス）と局所的かつ短期的なプロセス（個体間競争などの現在生じているプロセス）の双方が，偶然性と必然性の双方にさらされながら，その結果として成り立つ．

—中立理論とニッチ理論の融合—

　より理論的な枠組みの発展も著しい．まずは，米国の生態学者であるデイビッド・ティルマンによる「確率論的なニッチ理論」を紹

介したい [165]．ティルマンは，資源をめぐる種間競争が多種共存にとって重要であることを理論的に示してきたことでよく知られる．ティルマンは，中立理論のモデルが実際に自然界で観察される種の相対個体数曲線を再現できることを評価しつつも，種特性と環境との相互作用を考慮しないことの限界を指摘した．たとえば，地球上の各バイオームで，地域の環境条件に対して生理的・形態的・行動的に対応した特定の優占種が広く分布するという事実は，中立理論だけでに説明し得ないことから，種特性と環境との対応を考慮すべきとのことである．それゆえに，観察される種の相対優占度のパターンを表現できるモデルが構築できるかどうかではなく，より本質的な原因を探ることの重要性を強調した．その結果として考案されたのが，環境とニッチの対応や種間競争による決定論と種の移入と定着における確率論プロセスの双方を実装した，「確率論的なニッチ理論」の数理モデルである．簡潔に述べると，このモデルは，決定論的プロセスに中立性の仮定を組み込み融合させたモデルである．

このモデルは，カナダの研究グループによりさらに改良され，移入と分散制限の強さが変化することにより，ニッチと中立性の相対重要バランスが変わることが示された [150]．この研究の数理モデルは，競争原則に基づくニッチ重複があっても（決定論の原則に基づいても），中立的な移入があることで，希少種が競争排除されずに局所群集に残り得ることを示し得た．この研究の着目すべき点は，競争に基づく決定論的プロセスと移入などに係る中立プロセスの双方が作用していることだけでなく，それらの相対重要性が環境や移入の条件によって次第に変化することを示したことである．つまり，偶然性と必然性の双方の重要性だけでなく，それらの相対的重要性が連続的に変化し得ることを示したのである．

ニッチの違いと適応度の違いに基づく多種共存の考え方（Box 3.2 で紹介）でも，中立性の考え方が組み込まれつつある（[166] に詳しい）．ここでも，決定論か中立論かといった二者択一ではなく，両者の融合が重視されている．なお，先述したように，ハッベル自身は種特性や環境の影響を完全にないがしろにしているわけではなく，中立理論の特徴は，あくまでそれらを考慮せずとも，節約的なモデルにより実測データを表現可能であることを示したことにある．ゆえに，多種共存機構の理解，ひいては生物多様性の成り立ちの理解のためには，中立理論のモデルがいかに現実的か非現実的かといった議論であってはならない．生態学者間での中立性を巡る論争は，あくまで，節約的なモデルとしての中立理論を軸に，より現実性を組み込むための努力が続けられている結果と解釈すべきであろう．

生物多様性の果たす役割
―人類の福利と関わる

　いよいよ「生物多様性と生態系サービスのつながり」の話題に移りたい．

　「生物多様性」と「生態系サービス」の語は，いつのまにか対となり，ともに表記されることが多くなってきた．そのような流れの中，国際的な枠組みとして，「生物多様性及び生態系サービスに関する政府間科学-政策プラットフォーム（IPBES）」の枠組みが立ち上がり，生物多様性と生態系サービスの現状評価や将来変化の推測などを，世界中の科学者が協働して行っている．この枠組みで得られた成果は，「技術報告書」及び「政策決定者向け要約」として公表されている．

　それでは，このような科学的議論の中で，ひいては社会の中で，これら両者の関係性はどれだけ明示的に捉えられているのだろうか？　生物多様性の意味するところが曖昧にされてきたように，これら両者のつながりや相違点についても，明確な定義や認識がないままに，数多の議論や枠組みが進められてきたのではないだろう

か？

　生物多様性の形成メカニズムを理解することは，生態学における重要なテーマである．さまざまな時空間スケールで無数のプロセスが働いている．生物多様性を形作る唯一無二の究極要因は存在しない．しかしながら，生物多様性の形成には，（本書でこれまでに紹介してきたように）理論的なプロセスがある．群集生態学の数多の知見を集約し，考えられる個々のプロセスを積み重ねていくことで，演繹的に，将来の生物多様性の姿をある程度に予測すること，あるいは，可能性の幅を捉えることは可能かもしれない．土地改変などの人間活動の影響で，地域のベータ多様性がどのように変化してしまうのか？　どのような形質を持った種が優占するようになってしまうのか？　などといった疑問に一定の意見を述べることができるかもしれない．このような視点は，生物多様性を，「結果」として捉えている．

　一方で，生物多様性を「原因」と捉えることが，重視されつつある（再重視されているとも言える）．別の表現を用いると，上記の「プロセス → 生物多様性」いった方向性を，反対から捉える考え方の台頭である．「生物多様性 → プロセス（＝ 生態系の機能性）」の方向性に着目することで，生物多様性そのものが生態系の中で果たす役割をより定量的に評価しようとする．この研究分野は，近年著しく進展しており，一連の成果によって，生物多様性と生態系サービスの密なつながりが見え始めている．

　第4章では，これまでに紹介した内容を踏まえつつ，生物多様性が生態系の中で果たす役割について述べる．そして，「生物多様性と生態系機能の関係性」を踏まえたうえで，生態系サービスや人間社会への帰結について論じる（**図4.1**）.

④ 生物多様性の果たす役割―人類の福利と関わる 125

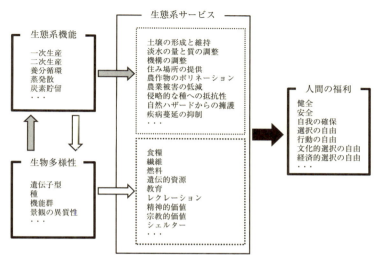

図 4.1 生物多様性, 生態系機能 (プロセス), 生態系サービスと人間の福利との関係性

生物多様性が, 生態系機能を介して間接的に, あるいは直接的に, 数多くの生態系サービスを支えている [167]. 生態系サービスについては, 図 1.2 も参照されたい. ([23] コラム 5 より引用)

4.1 生物多様性と生態系サービス

　私たちの人間社会は, 実にさまざまな生物に頼っている. いかに生物が必要であるのかの具体例を述べ始めるときりがない. そこでまずは, 生態系サービスのうち, 「供給サービス」と「文化的サービス」に着目して, 生物多様性との関わりを概説したい.

―**物質的価値から考える**―

　たとえば, 我々が日々口にするのは生物であり, 食糧としての需要を考えると, 生物資源そのものを人間社会から切り離すことが

できないことは，自明の理である．ここに生物多様性の文脈を組み込むと，多様な食材，多様な栄養源を得るためには，食物資源としての多様な生物が必要ということになる．図4.1では，供給サービスとしての食糧が，生物多様性により直接的に支えられていることを示している．日本では，多彩なお弁当を好み，しかも日替わりでメニューを替えたいと思う人は多いだろう（**図 4.2**）．お弁当を食べるその瞬間だけでなく，明日や明後日のお弁当のために，より多彩な食材が必要である．このような意味だけでも，種［たとえば，ジャガイモ（*Solanum tuberosum*）とニンジン（*Daucus carota* subsp. *sativus*）のような種の違い］や遺伝子［たとえば，コシヒカリ，あきたこまち，ササニシキといったイネのジャポニカ種（*Oryza sativa* subsp. *Japonica*）のうちの品種の違い］の多様性が求められている．あるいは，油や味噌，お酒などは，原材料としての動植物だけでなく，生産過程で微生物の力も借りている．つまり，多様な生物の組合せにより生み出される食料品も多い．

　実際には，多くの食材は人為的な管理下で生産されており，多種多様な生物の棲む自然界から必ずしも得られているものではない．しかしながら，これらの生産システムも，農業生態系や放牧地生態

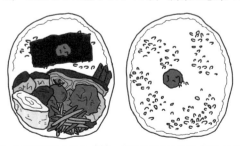

図 4.2　多様性があるとき（左），多様性がないとき（右）のお弁当
概して左のお弁当が好まれるだろうし，実際に栄養価も高い．多彩な食べ物が必要であることは，生物多様性の重要性を明確に表している．（絵：前田瑞貴）

系などとも呼ばれ，生態系の一部を成している．人間社会は，生態系が有する生物多様性から恩恵を受けて成り立っているのである．

生物資源の有用性と必要性に関して，最もよく例示されるのが医薬品である．たとえば，世界初の抗生物質として知られるペニシリンは，20世紀前半にアオカビ（*Penicillium chrysogenum*）から発見された．発見者であるスコットランドのアレクサンダー・フレミングは，この功績により後にノーベル生理学・医学賞を受賞している．ペニシリンは代表例に過ぎず，現在に至るまで，数多の生物が医薬品に用いられてきた．すでに発見され活用されている資源だけを考えても，さまざまな生物の種が必要である．さらに，これにまだ未発見の可能性を考えると，現存するあらゆる生物には，人間社会にとっての実質的あるいは潜在的な価値があると言える（このことは，将来的に出現する遺伝子型や新たな種にも言えることであろう）．

医薬品の製造や農作物の品種改良に見られるように，生物資源に由来する素材・材料に関しては，特に「遺伝資源」が重大な関心事項である．ここで，生物多様性条約に今一度着目する．第1章では，生物多様性条約が掲げる「保全」と「利用」について触れた．これらに加えて生物多様性条約が掲げるもう一つの主たる目的として，「遺伝資源の利用から生ずる利益の公正かつ衡平な配分」がある．たとえば，合成薬の約半数は，遺伝資源に由来すると言われている．合成薬のように，遺伝資源をもとにした利益が生じる場合には，原料の原産国（提供国）と製品を開発・生産した企業など（多くの場合に，原産国とは異なる国に属する）との間などで，利益配分の調整が必要となる．なお，公正かつ衡平な利益配分とは，単なる利益の均等配分ではない．遺伝資源へのアクセスと利益配分については，条約の締約国会議でも時間や労力を最も費やして議論され

てきた事項である [4]. 遺伝資源をめぐる議論の紛糾を考えると, いかに種や遺伝子の多様性が, 実質的に, あるいは実利的に, 人間社会にとって必要であり, 重大な関心事項であるのかが, 明確となる.

図 4.3 に, 生物多様性条約の事務局ホームページで公開されている「遺伝資源の利用と利益配分に関するガイドライン要約」の表紙を示した. 表紙自体にも, 生産者と利用者の立場や利益共有の様子

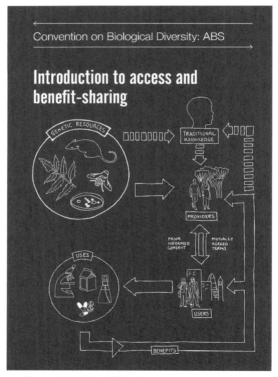

図 4.3 遺伝資源の利益配分についてのファクトシート
7ヶ国語版がある. (生物多様性条約ホームページ[26] より)

が模式的に示されている．ガイドラインの詳細は，ガイドライン本体や当該ホームページを参照されたい．

このほかにも，日本国内だけでも，大学等研究機関向け[27]，企業向け[28]など，各団体のホームページにて準拠したガイドライン要約が公開されている．なお，本書では，遺伝資源をめぐる政策及び経済的な状況についての詳細を述べない（遺伝資源を巡る国際情勢などについては，大沼 [4] に詳しい）．ここで強調したいことは，遺伝資源の多様性を保全しつつ利用することは，いかに社会や経済の枠組みの中で，重要かということである．

―生物から学ぶ―

つぎに紹介するのは，バイオミメティクス（生物模倣）である．これもまた，生物多様性と生態系サービスのつながりを示す好例である．

バイオミメティクスとは，生物の形態的特徴，生理的特性あるいは行動を模倣することで，新しい技術や製品の開発に生かすことである．生物種が長い進化過程で身に着けてきた特性は，非常に効率的であり機能的である．工学・化学・医学などの分野で，生物種の特性が広く応用されており，特に過去 20 年間で研究が躍進した [168]．

図 4.4 は，カワセミ（*Alcedo atthis*）のくちばしを模倣した新幹線 500 系（のぞみ）の車体を示したものである．カワセミは，細長いくちばしにより水の抵抗を減らすことで，水面に突入する際に水しぶきをあまり立てない．これを模倣することで，空気の抵抗が減り，新幹線がトンネル突入時などに生じる衝撃音が劇的に解消されたとのことである．

他にも，ゴボウ属（*Arctium*）の植物の実が衣服やペットに付き

図 4.4　カワセミのくちばしと新幹線 500 系「のぞみ」の先頭車型
カワセミが細長いくちばしにより水の抵抗を減らすことに着想を得て，空気抵抗を大幅に低減した新幹線が開発された．（写真：科学技術振興機構・サイエンスウィンドウ[29] より引用）

やすいことに着想を得て発明された面ファスナー（マジックテープ，あるいはベルクロの商標登録で知られる製品），鳥の羽根の形状に基づき設計される航空機，蚊の針を模倣することで開発された痛くない注射針，ハス（*Nelumbo nucifera*）の葉の撥水性の原理に基づくヨーグルトカップの内蓋コーティング（ヨーグルトが付着しにくい），サメの肌構造を模すことで開発された流体摩擦の少ない水着など，バイオミメティクスの例にはきりがない．

　絶滅した生物から学ぶところもある．たとえば，かつて地球の陸上には，現存する種よりも巨大な動物がいた．そのような巨大な生物がいかにして骨格を維持していたのか，骨の内部構造を化石より探ることで，現代の高層建築に応用可能な技術が開発できる．現

在の工学技術における精度とは異なる解釈が必要かもしれないが，スペイン・バルセロナにあるいまだ建築中のサグラダ・ファミリア（アントニ・ガウディによる設計）も，支柱のデザインは分岐する樹木を模倣して設計されたと言われている．

このように，私たち人間社会が技術的に発展する上で，多種多様な生物種の存在は非常に大きい．太古の昔にすでに絶滅した生物種からすら恩恵を受けられる点で，これまでに紹介した生物多様性による供給サービスの提供の話題とは少し趣が違うかもしれない．まだまだ発見できていない原理が数多の生物種には隠されている．生物多様性の保全と利用の必要性は，バイオミメティクスの観点からも計り知れないものがある．

―非物質的価値から考える―

つぎに，生物多様性と文化的サービスの関係性に着目したい．文化的サービスとは，個人や社会が，教育や余暇，宗教，審美的価値などの非物質的な利益を，生態系から得ることを指す[167]．

第1章でも，野生動物の種数と地域住民の収入に正の関係性があることを紹介した（[17]；図1.10）．その背景には，エコツーリズムとトロフィーハンティングが関与している（図1.7および**図4.5**）．トロフィーハンティングの是非はともかく，いずれも何らかの文化的ニーズ（レクレーションなど）を満たすものである．つまり，動物の種数が多いほど，文化的サービスの高まりがあるがために，結果として，地域の収入増加をもたらしたと言える．アフリカの国々におけるエコツーリズムやハンティングを介した文化的サービスの享受者の多くは先進国の人々であり，そこから生じる金銭的な利益の受益者は現地の国・企業・住民となる．利益享受のかたちは受益者間で異なるけれども，生物多様性の保全と利用が国をま

図 4.5 エコツーリズム

野生動物の観察体験は，典型的なエコツーリズムの姿であり，地域にとっての重要な収入源でもある．(写真：Villiers Steyn / shutterstock)

たいで人間社会の福利（豊かさや幸せ）に資する事例であると言える．

　生態系の多様性と文化的サービスについても述べたい．図 4.1 では，景観の異質性が，生態系サービスに関わることも示されている．地域の中に森林があり，川が流れ，湖沼が点在しているからこそ，各場所に適応した生物が出現する．これまでに述べてきたように，場の多様性があるからこそ，異なる側面の生物多様性が維持される．それだけでなく，さまざまな場所があるからこそ，森林でのキャンピング，川でのラフティング，湖でのフィッシング，海でのホエールウオッチングができるといったように，文化的サービスの多様さが生まれる（**図 4.6**）．

　森林だけを考えても，スギやヒノキの人工林ばかりではなく，さまざまな落葉広葉樹やシダなどの茂る冷温帯林，枝下にたくさんの地衣をぶら下げた巨大な針葉樹が群生する温帯雨林，鬱蒼とした亜高山帯林などといった異なるタイプの森林もあるほうが，レクレーションや教育，さらには審美的な事象も含めたさまざまな文化的ニーズに応え得る．場の多様性は，文化的サービス以外のさまざ

④ 生物多様性の果たす役割—人類の福利と関わる   133

図 4.6 場の多様さと文化的サービス

岩頭でのロッククライミング,森林でキャンピング,川でラフティング,海でホエールウオッチング,湖でフィッシング,雪山でスノーボーディング,滝を見に行くハイキング……など,レクリエーションという文化的サービスの一側面だけで考えても,場の多様性がなければ,多様なニーズに応えることができない.(写真:森 章)

な物質的価値に関するサービスを支えるためにも重要だが,非物質的な価値だけで考えても,生態系レベルでの多様性があることの意義は計り知れない.

　ここで留意すべき事項を述べたい.利益は生態系サービスの結果として生じるものなので,生態系サービスとは区別すべきとの意見がある [169-171].特に,上述のような文化的サービスやその結果としての経済的利益については,生態系サービスとしての位置づけが難しい [172].

―生物多様性と生態系サービスの位置づけ―

生物多様性と生態系サービスに関する多くの報告書が, 国連などの国際的枠組みにおいて公開されている [18, 167, 173]. これら報告書をはじめ, その他の関連書籍・報告書・論文などにも共通した課題がある. それは, 生態系サービスの文脈の中での生物多様性の位置づけが, いまだに不明瞭なことである [174].

それゆえに,

1. 生物多様性も生態系サービスの一部なのか
2. 生物多様性は生態系サービスとは異なるが保全対象との点で同じ議論上に置かれているのか
3. 生態系サービスを担保するために生物多様性が必要であるのか
4. 人間社会のニーズを満たすための生態系サービスこそが保全対象

など, 議論の軸が一致していない (**表 4.1**). 統一見解や絶対的な定義を持つこと自体が必ずしも大事なのではないが, 少なくとも, 議論の際に両者の関係性に対する立場を明確にする必要があるだろう.

遺伝資源やバイオミメティクスの観点からは, 多様な生物が存在することが, 現在そして将来の人間社会にとって実質的な価値があ

表 4.1　生物多様性と生態系サービスをめぐる異なる視点 (筆者の見解に基づく).

1) Biodiversity is ecosystem service (生物多様性そのものが生態系サービスである)
2) Biodiversity and ecosystem services (生物多様性と生態系サービスはともに保全対象である)
3) Biodiversity for ecosystem services (生物多様性が生態系サービスを支えている)
4) Ecosystem services despite biodiversity (生物多様性の保全より, 人間社会のニーズに応じた生態系サービスの保全のほうが関心事項である)

る．これらは，上記3の観点を有しており，多様性とサービスのつながりが比較的に明確である．それゆえに，現在は直接的な利用価値のない生物種や遺伝情報も含めて，生物多様性を可能な限りに保全することに一定の意味がある．

一方で，何らかの自然があること自体が重要であり，そこにどのように多様な生物がいるかどうかは，さほど重要視されていない場合もあり得る．たとえば，ある場所の自然保護により，登山などのレクレーションの機会が創出されると同時に，生物の種や遺伝子の多様性の保護が意図せずとも自ずと進んでも，その両者間に強い因果関係はない．このような場合は，上記1や2の見解に近いかもしれない．このような多様性とサービスのつながりに関する曖昧さの問題は，文化的サービスに限ったことではないのだが，見解の不明瞭さが意見の相違を生じやすくしている．

「ミレニアム生態系評価[167]」や「生態系と生物多様性の経済学[18]」により，生態系サービスや自然資本に関する考えが普及し，関連する公共や企業の事業，研究がますます多くなっていると言われている．このような評価枠組みは，いかに自然がわれわれの生活にとって価値を有するのかを伝え，そして，生態系サービスの概念を普及させるうえで，多大な貢献を成し得た．しかしながら，一定の懸念も伝えられている[174]．たとえば，実利的あるいは功利主義的な利益を呼び込むような生態系サービスに対して，より強い保全ニーズがあるといった偏った状況である．

生態系サービスがもたらす経済的利益に主眼が置かれる一方で，その場所に内包される生物多様性の保全状況は重要な関心事項ではないといったケースが頻繁に見受けられる．あるいは，生態系サービスの保全が生物多様性の保全といつの間にか同義語になってしまっている状況も見受けられる．しかしながら，その場所の生態系

サービスが保全されても，必ずしも生物多様性は保全されるわけではない．

　生態系サービスの持続可能な維持ができれば，自然界を何らかの形で保全し得ていることの表れなので，結果として，生物多様性の保全が自ずと成立すると言ったような前提がときに置かれているのかもしれない．自然環境をベースとした資本やそこから生じる利益の維持と生物多様性の保全の双方を同時に成し得ることは，実際にある程度は可能だろう．しかしながら，いずれかを保全すれば，自ずともう一方も常に保全ができるというものではない．当たり前のように思えることだが，この両者関係が曖昧にされている現状がある．

　生物多様性と生態系サービスは並列に位置するものなのか，あるいは主従関係（因果関係）があるものなのか，両者の関係性を一義的に確定することが重要なのではない．ここで強調したいことは，自然保護や生態系サービスの維持ができれば，生命の多様さも保全されるはずとの前提を暗に置かないことが肝要で，双方のつながりを明示することが必須である．

4.2　生物多様性と生態系機能

　つぎに，生態系が生態系たるものとして機能し，その結果として数多のサービスが生じるといった自然の摂理の中において，生物多様性を位置付けたい．

　生態系には数多のプロセスがあり，それらが重なり合うことで，システムとしての生態系が成り立っている．数多のプロセスの結果として生物多様性は出来上がっているものであるが（第3章で紹介），同時に，生物多様性も数多の生態系プロセスを支え，生態系を生態系たるものとして機能することに貢献している．ここでは，

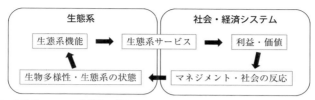

図 4.7 生態系における多様性，機能性，サービス，利益から最終的な価値へのつながり

生物多様性から機能性，サービス，社会への利益と価値，社会から生物多様性へのフィードバックを概念的に示している．（[170]図1より引用）

この後者について着目したい．生物多様性によって生態系の機能性が保たれているからこそ，生態系サービスが維持され，人間社会にとって必要な利益や価値が生じていると言える（**図4.7**）．

生態系プロセスについて，今一度概説したい．たとえば，独立栄養である植物が光合成をして得た一次生産物を植食性の昆虫，草食獣，魚などが食べることで，従属栄養の生物へとエネルギーが流れる．このような食物網の中の生物種間ネットワークを介して，栄養塩も流れていく．栄養塩やエネルギー，住み場所などを巡っては種内や種間で競争が生じ，また同時に，偶然性の作用するところもあり，さまざまな異なる種の共存が成り立つ．固着性であり動くことができない植物は，鳥や昆虫により花粉や種子を散布されることで，世代をまたいで移動していく．ある海中では，大型の捕食者によるトップダウン・コントロールが働き，食物網の構造が制御されているかもしれない．

このような無数のプロセスが自然界では生じており，その結果として，森林，草原，河川，湖沼，沿岸域，海洋……などの個々の生態系が成り立っている．生態系を根源的に支える生態系プロセスがあるからこそ，数多の生態系サービスが生じる．その結果として，人間社会がさまざまな恩恵を自然から受けることができる．

先述した表 4.1 に照らし合わせると，このような視点は，視点 3 の
「Biodiversity for ecosystem services」に相当する．

―さまざまな生態系機能のための生物多様性―

　ここで，生物多様性が生態系プロセスを支えている事例を述べた
い．たとえば，第 2 章では，鳥の種数と機能的多様性について，単
純化して説明した（図 2.1）．一概に鳥類と言っても，種数で考えた
場合と，各種の有する生態系機能の観点から見た場合とでは，多様
性の意味するところが異なる．たとえ，時間や場所を違えても同等
の種数が観察できたとしても，その内訳がある機能タイプに偏る
場合（言い替えると，その他の機能タイプが著しく消失している場
合），生態系機能の損失につながる．図 2.1 の例では，10 年間の鳥
類相の変化の結果として，果実食の種ばかりになってしまったがた
めに，植物にとって重要な生態系機能が損なわれてしまった（たと
えば，鳥による送粉や生物防除のような機能）．

　生物多様性がさまざまな生態系機能を支えている．生態系機能に
着目すると，種数といった多様性評価のモノサシだけでなく，機能
的多様性のような異なる視点に基づくことも重要となる．

―個々の生態系機能のための生物多様性―

　自然の中で異なる役割を担う生物種がいることで，多様な機能が
維持される．その結果として，多様な生態系サービスが生まれる．
ここまで本書では，このような視点を中心に，生物多様性の役割と
潜在性を説明してきた．

　ここで視点を少し変えたい．多様な機能やサービスではなく，
「ある特定の機能」に着目した場合にも，生物多様性が重要である
ことを説明したい（**図 4.8**）．

(例：場の多様性，種の豊富さ，機能タイプの数)　(例：種・機能的・系統的多様性)

図4.8　生物多様性が生態系機能を支える

生態系に生物多様性があるから多様な機能やサービスが維持されるという視点（左図）から踏み込んで，個々の生態系機能の高さ（性能）にも生物多様性の高さが関与する可能性を探る（右図）．

　生物多様性と個々の生態系機能との間の正の関係性を見出したパイオニアは，チャールズ・ダーウィンであると言われている．19世紀にはすでに，植物群集における種数の高さが一次生産量を高めている可能性について言及されている．その後も，種数と何らかの生態系機能との正の関係性については幾度となく報告されつつも，長きにわたってあまり着目されてこなかった．しかしながら，1980年代以降，生物多様性の損失の危機に対する関心の高まりとともに，そこから生じる生態系機能への悪影響も危惧されるようになってきた．そのような中，「生物多様性—生態系機能」の関連性をより実証し，個々の生態系機能の駆動要因としての生物多様性の役割を理論的に説明しようとする研究分野が盛んになってきた（[175, 176]に詳しい）．

　図4.9で紹介しているのは，「生物多様性—生態系機能」の関連性を探る野外試験地での作業の様子である．関連研究の多くは，このような地道な野外実験に基づいている．そこでは，関心のある項目だけを操作し，その他の条件を一定としたうえで，多様性と機能性の関係性を定量的に評価する．たとえば，土壌の環境条件を一定に揃えて，草本植物の種数だけを操作的に変える．その結果とし

140

図 4.9 「生物多様性—生態系機能」の関係性を探るための野外試験地
中国科学院・内モンゴル草地生態系試験地における調査作業の様子を示す．下段の写真では，植物の一次生産量の測定のための地上部刈り取り作業跡地に，植物遺体の分解試験の測定のためのリターバッグ（小さなメッシュ袋）が設置されている．植物が光合成をして有機物を作り出すこと，その有機物が分解され土に還ることで養分循環が続くことなど，これらは根源的な生態系機能である．（写真：森 章）

て，生態系機能がどのように変化するのかを測定する．これまでの研究の積み重ねにより，植物の地上部や地下部のバイオマス量，土壌の物理・化学特性，有機物の分解速度，養分循環，病原菌や外来種の侵入に対する抵抗性などといった無数の生態系機能が，生物多様性に応じて高まり得ることが分かっている [177, 178]．

世界中の「生物多様性—生態系機能」の試験地における主な測定

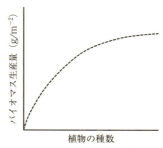

図 4.10　植物の種数とバイオマス生産量との関係性

生物多様性の高まりに応じて、一次生産量が増加する。なお、無限に増加するわけではなく、概して一定レベルでの頭打ちが見られる [179]。

対象であり、最も理解が進んでいるのが、植物群集によるバイオマス生産（一次生産）である（**図4.10**）。自然界における食物連鎖を見ると、多くの動物はそのエネルギーを直接的・間接的に植物に依存していることがわかる。植物による一次生産は、生態系を支える根源的なものである。われわれ人間社会が必要とするコメや野菜といった食物資源も、植物の光合成を介した一次生産の結果として生じている。ゆえに、最も代表的な生態系機能として、植物群集によるバイオマスの一次生産量は長きにわたって着目されてきた。植物種数が多いほどに一次生産量が高まるという結果が、2006年までだけでも、100以上の試験区から報告されている [176]。なお、同様な生物多様性の効果は、草地だけでなく、森林、淡水域や海域からも多数報告されている（[180, 181] など）。

このような生物多様性試験の野外研究サイトの先駆けは、米国・ミネソタ州のシーダークリーク生態系保護区にある [176]。シーダークリークにおける生物多様性の操作実験は、米国・ミネソタ大学のデイビッド・ティルマンの主導により開始され、いまや関連研究の世界の中心的な存在となった。近年では、毎年必ずと言ってい

いほどに，米国・サイエンス誌や英国・ネイチャー誌といった主たる学術雑誌に，シーダークリーク実験区からの研究成果が掲載されている（たとえば，[182-185]）．これらの総合学術雑誌に掲載される「生態学」分野の研究論文の総数が毎年ごくわずかであることを鑑みると，この研究サイトから得られる知見がいかに科学界で重要視されているのかが窺い知れる．

　もう一つの大国である中国にも多くの試験地がある．たとえば，面積ベースで世界最大規模の草地試験地は，中国・内モンゴル自治区にある[186]．そこでは，見渡す限りの草地で，生物多様性と生態系機能の関係性を探るさまざまな基礎試験が行われている（図4.9）．現在までに，世界中に同様の草地試験地が設定され，植物や試験地土壌中の生物の多様性が，生態系機能をどのようにして支えているのかの定量化と，その背景にあるメカニズムの探求が続けられている．その代表的な例としては，生物多様性の「相補性効果」と「選択効果」による生態系機能の駆動である（**Box 4.1**）．なお，これらの効果については，宮下ほか[25]や大黒ほか[187]も参照されたい．

Box 4.1　多様性による効果の内訳としての「相補性効果」と「選択効果」

　一連の生物多様性の操作実験により，多様性と機能性の関係性が見出されてきた[176]．とくに，植物種数と一次生産量との間には，強い正の関係性が実証されてきた．ここで強調したいことは，「多様性 → 機能性」といった方向性が実証されてきただけでなく，その背景にあるメカニズムが分かってきたことである．たとえば，生産性のような生態系機能を支える多様性の効果は，「相補性効果」と「選択効果」に分割できる（[188]に詳しい）．

　多種共存が必然的に成り立つためには，種間のニッチ分割が重要と

なる（第3章）．長い進化プロセスの中で，生物間相互作用や環境フィルタリングにさらされてきた結果として，個々の種はそれぞれの特徴（種の系統的・機能的形質）を有する．種の形質の違いは，個々の種が利用する資源や好む環境が種間で異なることを反映している．個々の種がそれぞれのニッチを見出し，種間でのニッチ重複が避けられることで，多種系ほどにニッチ空間をより相補的に埋めることができる（**図4.11**）．そして，群集の総和として，有限の資源を効率的に利用できるので，多種系では生態系機能が高まる．これが相補性効果である．さらに，種間で促進作用がある場合，多種系では種間の助け合いにより相補性が高まり得る．これも相補性効果の駆動要因である．

選択効果について説明したい．そのために，まずはサンプリング効

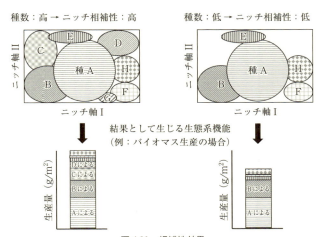

図4.11 相補性効果
上段：異なる円形シンボルは，異なる種のニッチ占有状況を表す．左の多種系では，相補的にニッチ空間が埋められている．一方で，右の群集では種数が少なく，ニッチ空間が利用しきれていない．下段：各種による生態系機能（例では，バイオマス生産）への貢献度を示す．棒グラフ内のシンボル柄は，上段の各種シンボル柄と対応している．結果として生じる機能性に，二つの群集間で差が生じている．

果について述べる．ここで述べるサンプリング効果は，種数が多いほどにパフォーマンスの高い種（生態系機能に対する貢献度の高い種）が含まれる可能性が高くなるという確率論的な事象である（**図 4.12**）．このような優占種（図 4.12 では，種 A，続いて種 B）が，多種を追いやり優占すること（選択プロセス）が，結果として生態系機能に強く関与する場合に，選択効果が働いていると言われる．選択効果は，相補性効果と並んで，「多様性 → 機能性」の背景にある重要なメカニズムである．

選択効果の解釈は難しく，定義にも多様さがある [189]．たとえば，選択効果が働き続けると，究極的には 1 種の優占種が残り，その種だけが生態系機能を支えることとなる．そのような 1 種独裁系では，もはや生物多様性の働きがあるとは言えない．あるいは，優占種が生態

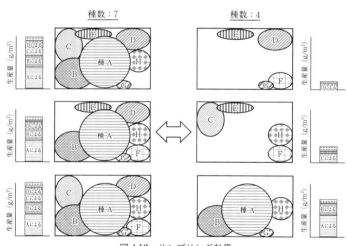

図 4.12　サンプリング効果

個々の局所群集において，図 4.11 と同様の 2 次元のニッチ空間を複数種が占める．左の種数 7 のほうが，右の種数 4 よりも，優占種（種 A）が含まれる可能性が高い．結果として生じる生態系機能（例では，バイオマス生産）は，各群集のニッチ占有図の横に棒グラフで示した．

生物多様性の果たす役割—人類の福利と関わる　145

系機能に対して負の効果を持つような場合があり，その結果として，負の選択効果が働くことがある（なお，図 4.11 や図 4.12 では，正の選択効果を想定している）．このように，選択効果の評価は容易ではない．

　優占種による選択効果は，相補性効果が生じている中でも同時的に生じ得る．図 4.11 の例では，各種のニッチ占有は種間で平等ではなく，種 A が優占している．例の場合，左図と右図の群集で同等の選択効果が働いているが，相補性効果の差により，総和としての多様性の効果（例では，群集としてのバイオマス生産の総量）は右図よりも左図の群集でより高くなる．

　「生物多様性—生態系機能」の関係性の背景にあるメカニズムとしての選択効果と相補性効果は，草本植物種数と一次生産との関係性を探る実験を中心に見出されてきた．しかしながら，生産性以外の生態系機能や植物以外の分類群においても広く生じ得る事象であることが示されつつある．

Box 4.1 では，植物種数とバイオマス生産量との間の関係性を例に，生物多様性が生態系機能を支え高める理由を説明した．個々で紹介した事項以外でも，さまざまなプロセスが働いている．たとえば，第 3 章で紹介した負の密度依存効果，あるいはジャンゼン・コンネル過程も，重要なメカニズムとして提唱されている [190, 191]．

　負の密度依存効果とは，同種が集まると，種特異的な病原菌や外敵あるいは種内競争により，その種の個体の成長や生存にとって不利に働くことである（第 3 章に詳しい）．このような理由により，同種個体が集まるよりも多種の個体から群集が構成されるほうが，個々の個体のパフォーマンスが上がり，群集総和としての生態系機能が高まり得る [190, 192]．負の密度依存効果は，森林生態系の樹種共存において特に重要と考えられ，よく検証されてきた．これを反映して，負の密度依存効果は，森林における樹種多様性と生産性

の関係性を支える主要因の一つとしても注視されている [193].

　生態系における一次生産だけでなく，生態系機能をめぐる数多の研究事例がある（病原菌や寄生者の抑制，外来種への抵抗性などの異なる事例については，後述する）．これら「生物多様性—生態系機能」をめぐる一連の研究の根底には，生態系サービスへの視点がある．生態系機能は生態系サービス（一次生産や土壌形成などの基盤サービス，気候調整や水質浄化などといった調整サービス）と密接に関連するので，生物多様性（分類群，機能群，系統群などの多様性）の豊かさが，ひいては多様な生態系サービスの恒常的な提供を可能にし得る（図 4.1 も参照されたい）．一連の研究成果は，生物多様性の損失が生態系サービスの損失につながり得る可能性を示しているとも言える [194, 195].

　生態系サービスの恒常的な提供といった観点から着目されていることとして，生態系機能の「安定性」が挙げられる．安定性についても，種数と一次生産の関係性が着目されてきた（**図 4.13**）.

　農業に例えると，ある年はリンゴの収穫量が非常に多いが，次の年はリンゴの収穫量が非常に少ないという状況は，社会的には好ましくない．豊作の年にはリンゴの価格は暴落し，凶作の年には流通に必要な量のリンゴが確保できない．このような状況よりは，毎年安定してリンゴが収穫できるほうが，生産業者にも，流通業者にも，消費者個人にとっても好ましい．バイオマス生産に限ったことではないが，人間社会からの視点では，安定性は根源的に大事である．この「多様性—安定性」の関係性についても，理論的な説明がなされてきた（**Box 4.2**）.

—自然界の脅威と向き合う—

　生物多様性の高さは，外来種や病原菌の侵入や蔓延を防ぐこと

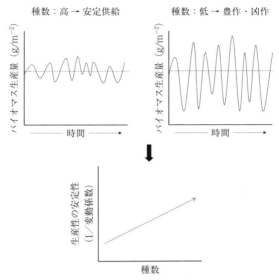

図 4.13 生態系機能の安定性

多種系の群集では生態系機能の時間変動が小さくなる一方で,種数が限られた群集では生態系機能の変動が大きくなることが知られている.上段の図では,生産性の変動を実線で,長期的な平均値(移動平均)を点線で示した.上段の左右の図ともに,移動平均は同じである.しかしながら,下段で示したように,時間変動(バラツキ)は大きく異なり,種数が多いほどに変動が小さくなる.つまり,種数が高いほどに,生態系機能が安定化する.

にも貢献し得る [176]. この生物多様性による潜在性は,英国のチャールズ・エルトンにより,1950年代にはすでに提唱されている [196]. 生物多様性による外来種への侵入抵抗性の背景にも,無数のプロセスが働いている.たとえば,在来種の多様性が高いほどに,新たに侵入しようとする外来種にとって利用可能な資源が残されていないことが,代表的な理由として挙げられる.この事象についても,植物群集を対象とした研究による例証が多いが,近年では,他の分類群での実証例も多数報告されている.たとえば,土壌

Box 4.2　生態系機能の安定性を支える生物多様性の役割

多種系では，種間の環境応答の違いが重要である．ここでは単純化のために，ある異なる 2 種について考える．種 a と種 b はそれぞれ比較的に温暖・寒冷な環境を好むとする．暖かい年には種 a が，寒い年には種 b のパフォーマンスが高い（生態系機能への貢献度が大きい）．気候変動により，自然界では比較的に温暖な年も寒冷な年も起こり得る．そのような環境変動下では，種 a と種 b のパフォーマンスも交互に変化する．この種間の非同調性の結果，いずれの気候条件の年でも，いずれかの種が高い機能性を保ち，生態系機能が担保される（**図 4.14**）．

種数と一次生産の安定性の関連は，よく知られている．近年では，異なる分類群と生態系機能に関する事例の報告も多い．たとえば，送粉者としての昆虫や鳥の種数と送粉機能の安定性の関係性もよく知られている．多種がいるほうが環境変動に対する保険となり得るのである（生物多様性の「保険仮説」）．

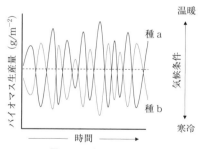

図 4.14　種間の非同調性

異なる二つの実線は，異なる 2 種のパフォーマンス（バイオマス生産への貢献量）の時間変動を示す．水平の点線は，2 種のパフォーマンスの結果として生じる生産量の総和の時間変化を示す．

における微生物群集の種多様性は，外来の病原性細菌の侵入を抑制し得る [197]．

　森林生態系において大半の樹種に感染可能なあるエキビョウキン（*Phytophthora ramorum*）の侵入に対して，種数が高いほど病害の蔓延を抑制できるとの報告もある [198]．これは，多種がいるとエキビョウキンの宿主として適した種の優占度を下げる（薄める）ことができることから，「希釈効果」と呼ばれる [199]．両生類に重篤な影響を与えている扁形寄生虫（*Ribeiroia ondatrae*）についても，生物多様性の希釈効果によって感染リスクが低減できる可能性がある [200]

　希釈効果は，さまざまな生態系において認められている．野生動物，家畜やヒトを宿主とする寄生者についての報告例も多く，宿主の多様性が高まるほどに感染が抑制されることが分かっている [201]．ヒトにも動物にも感染可能な病気（人畜共通感染症）も無数に知られている．将来的に生物多様性の損失が続くと，希釈効果を介した病気蔓延の抑制の働きが弱まり得る．その結果として，動物やヒトの健康に重大な負の影響が生じる可能性がある（**図 4.15**）．

　動物原性感染症の研究を巡る状況は，非常に複雑である．ヒトの健康に密接に関わることゆえに，もう少し注意深く説明したい．図 4.15 では，生物多様性による希釈効果の可能性を示した．しかしながら，現実の世界で，ヒトにとって重篤な健康被害をもたらし得る病原体への感染リスクを，生物多様性が下げ得るのかどうかについては，不確実性が高い [202, 203]．

　たとえば　野生動物が保菌し，マダニにより媒介されるライム病について紹介する [203]．疫学的な研究では，森林率が上がるほどにライム病罹患率が高まることが，以前より多く報告されている．森林が豊富な景観ほどに，保有宿主となる動物が多いことによる．

図 4.15 生物多様性による希釈効果
種数が多いと保有宿主が多く,ヒトへの罹患率が下がる（左図）.一方で,保有宿主となる他種がいないと（右図）,人畜共通感染症への感染リスクが高まる.（Parasite Ecology[30] より引用）

ビルや住宅の林立する都市部に比して,自然豊かな地方部で感染が多くなるという状況を反映している.一方で,2000年以降,希釈効果に関する報告が急速に増えている.これらの研究では,特定の宿主動物の効果を薄め得るとの考えのもとに,生物多様性を保全すること,そして多様性のゆりかごとしての森林を保全する必要性が主張されている.

　自然があるほどに動物原性感染症への感染リスクが高まるのか,あるいはその反対なのかは,議論の焦点となっている.現在までに提示された一つの結論としては,生物多様性による効果は局所的で限定的とのことである.ライム病に限らず,いずれの方策が正しいと言えるものではないが,注意深い判断が必要である.

―多機能性への回帰―

　本章 4.1 では,遺伝資源,食物資源,生物模倣,レクリエーションといった事例をもとに,供給サービスや文化的サービスを考えるにおいて,種内,種間,生態系といった生物多様性の重要性を紹介し

④ 生物多様性の果たす役割—人類の福利と関わる　151

た．合成薬や工業技術に限らず，人間社会に必要な資源や技術，生活環境の創出のためには，まだまだ我々が気づいていない生物の潜在性と有用性も考え得る．それゆえに，多様なサービスの創出と維持のための生物多様性の保全価値を例示した．いわば，生態系の「多機能性」のためには，自然界における生命の多様さが必要との視点である．

　そして，本章 4.2 より，個別の生態系機能やサービスの駆動と安定のためにも生物多様性が必要であることを，いくつかの理論に触れつつ説明してきた（特に，種数の生態系機能の関係性に着目した）．ここでは，この「生物多様性—生態系機能」の関係性を考えるにおいても，「多機能性」の視点が重要であることを紹介したい．

　近年，「生物多様性—生態系機能」をめぐる植物種数の操作実験の研究成果により，多数の生態系機能を同時に高いレベルで維持するにおいても，生物多様性の高さが重要であることが分かってきた（[183, 204] など）．この「生物多様性—多機能性」の関係性は，植物だけでなく，動物や微生物でも報告されている（[205, 206] など）．

　ここで強調して紹介したい事柄として，「機能的冗長性」といった生物多様性への見解がある（**Box 4.3**）．これは，生態系機能を支えるためには種数が高ければ高いほどよいのか？　という疑問に関わる．先述のように，ある一つの生態系機能に着目すると，種数が増えれば増えるほどに機能性が無限に高まるわけではない（図4.10）．概して，種数増加に従い，次第に機能性に頭打ちが見られる [179]．このような場合，多少いくつかの種がその場からいなくなってしまったとしても，生態系機能はほとんど低下せずに担保され得る．このような生態系機能に対する貢献度の低い（あるいは無い）種を，「機能的に冗長な種」と呼ぶ．ここで留意したい．一般

Box 4.3 機能的冗長性と多機能性

図 4.16 で，機能的冗長性を例示した．このような冗長性は，航空機の翼に使用されているリベットに例えられる [209]．リベットとは，かしめることにより使用する固定部品である．航空機には無数のリベットが使用されている．飛行中には，いくつかのリベットが外れるかもしれない．しかしながら，少しばかりのリベット損失は，航空機の墜落には至らない．この様子から例えて，多少の多様性損失が生態系機能にほとんど負の影響を与え得ないことが指摘されている．図 4.16 では，左図の「種数—機能性」のグラフと類似したカーブが，リベット冗長性として右図で例示されている [179]．

図 4.16 では，別の場合も例示した．すべての種が生態系機能に対して均等に貢献する場合，種数が低下するほどに生態系機能は線形に比例して低下する．極端な例としては，たった 1 種の絶滅が生態系機能の崩壊につながる．このような場合は，たった 1 個のリベットが外れただけで，航空機は墜落してしまう状況である．なお，種数と生態系機能の関係性は，多くの場合で，リベット冗長性に適合した傾向が見られることが分かっている [179]．

冗長性とは，無駄があるさまを指す．それでは，いくつかの種は，生態系機能に貢献しない無駄な種なのだろうか？ そこに一つの答えを見出そうとするのが，「生物多様性—多機能性」に関する一連の研究

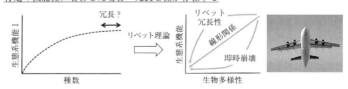

図 4.16 生物多様性と機能的冗長性

「生物多様性—多機能性」の関係性における「機能的冗長性」．(飛行機のリベット理論の図は，Cardinale, et al. [179] 図 5 より引用)

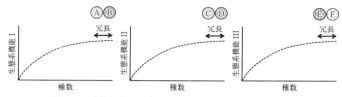

図 4.17 多機能性を考慮する場合の機能的冗長性の変化

個々の機能に対するそれぞれの機能的冗長種（A〜F）をアイコンで示した．たとえば，種 A と B は，生態系機能 I に対する貢献度がほとんどないが，機能 II や III には貢献している．それゆえに，機能 I から見た冗長種である種 A や B は，多機能性の文脈からは冗長種ではない．

である．

図 4.17 では，複数の生態系機能に着目した場合を示した．ある場所に種 A〜F までの 6 種が存在するとする．図 4.16 と同様の生態系機能 I にだけ着目すると，種 A や B は機能的に冗長な種である．しかしながら，機能 II や機能 III では異なる種が冗長種となり，種 A や B は機能的に重要な種となる．このように，生態系機能の次元を増やすほどに個々の種の役割が発揮され，機能的冗長性が次第に無くなっていく [183, 210]．

的な用語としての冗長性とは，無駄や余剰を指す．しかしながら，機能的に冗長な種は，単なる余剰ではない．機能的に冗長な種はバッファであり保険でもあると言える．環境変動下では，一見すると冗長な種が，機能的に貢献し始める可能性がある [207]．

現実の自然界では，生物多様性が支える生態系機能は，一つではない．植物群集により一次生産性だけが支えられればよいのではない．数多の生態系機能（つまり，多機能性）が自然界にとっても人間社会にとっても必要となる．この観点から考えると，一見冗長に見える生物種も，いずれかの生態系機能に，いつかどこかで貢献す

る可能性がある.「生物多様性―多機能性」についての研究は,このような生物多様性の潜在性を示している.機能的冗長性や多機能性に関しては,Mori, Furukawa and Sasaki [208] も参照されたい.

「生物多様性―多機能性」の正の関係性も,先述したような野外試験地での生物多様性の操作実験をもとにして実証がなされてきた.2007 年以降に,「種数―多機能性」についての多くの学術論文が見られるようになった.そして,近年では,人為的に操作した実験区ではない現実の自然系においても,同様な関係性が見出されつつある [211, 212].

たとえば,筆者らは,北海道・知床国立公園において,地下部の一次生産,有機物分解など,7 タイプの異なる生態系機能を支えるにおいて,土壌中の真菌種数の豊富さが重要であることを見出した [211].研究対象地は,天然林であったり,森林再生地であったりと,異なるタイプの植生を有するが,いずれも多様性操作の実験区ではない.これまでの「生物多様性―生態系機能」の実験の多くは,無作為に生物多様性を消失させているために,現実世界を反映していないことがたびたび指摘されている [213, 214].筆者らの研究は,現実世界の(操作されていない)生物多様性も生態系の多機能性に貢献していることを,世界に先立って実証した数少ない研究の一つである(**図 4.18** では,現地でのフィールドワークの様子を示した).

4.3　明らかになってきたこと,不確かなこと

生物多様性,生態系機能,そして生態系サービスに関しての研究は劇的に進捗している.これまでに,近年の研究により明らかになってきた生物多様性の機能的な役割を紹介してきた.ここでは,さ

図 4.18 北海道・知床国立公園での「多様性―多機能性」を探るフィールドワークの様子

フィールドワークでは色々なことが起こる．筆者らの野外研究では，ヒグマにたびたび遭遇し予定変更を迫られたり，ヒグマに調査区を掘り返されたり，その他の動物にも野外実験の設置機材を破壊されたり，ツタウルシにかぶれたりと……，色々な出来事が生じた．

らにいくつかの新しい知見――可能性――を紹介しつつ，まだ解き明かされていないこと，議論が巻き起こっていることなどを概説したい．

―生物多様性，生態系機能，そして生態系サービスへ―

　生態系サービスと実質的な利益との関係性や両者の位置づけについては，さまざまな見解があり，統一見解はない（本章 4.1 でも概説した）．ここでは，利益をどこに位置付けるのかはさて置き，人

間社会の経済的利益にも，「生物多様性—生態系機能」の働きが深く関わり得ることについて述べたい．

生物多様性を保全することは，土地開発や産業の効率化をあきらめることにつながるので，自然資本に基づいた生態系機能の活用との間にトレードオフがあると考えられてきた．たとえば，農業における農薬使用は，さまざまな環境負荷が生じる．その結果として，生物多様性に対する負の影響が生じ得る．一方で，農薬の使用を控えることは，生物多様性への影響を緩和し得るが，作物の生産性の低下につながる．このように，経済活動と生物多様性の保全との間には，二者択一のような関係性があると考えられてきた．同様のトレードオフは，林業などの他の産業においても広く認知されている．しかしながら，農業や林業セクターでは，保全と産業との両立を図る「土地の共有」のアプローチが進みつつある [215-217]．これは，生息地として利用する生物と生産者である人間とで，土地を同所的に共有して，双方にとってよい結果を生み出そうとする考え方である．

ここで，興味深い研究を紹介したい．図 2.1 でも紹介したように，鳥類などの生物群集は，生物防除といった生態系機能を有する．米国・スタンフォード大学の研究者を中心とするグループが，生物多様性によって支えられるこの生態系機能に対する経済的な価値を見出した [218]．コスタリカのコーヒー農園において行われたこの研究では，作物であるコーヒーの果実に深刻なダメージを与え得るコーヒーノミキクイムシ（*Hypothenemus hampei*）が，鳥類やコウモリ類によって捕食され，制御される一連の流れを評価した．彼らは，研究の結果，農地開拓をし過ぎずにある程度の森林が地域景観に残されている場合に，特に鳥類群集がよく保全され，その結果，キクイムシを防除するサービスが最大 150% 向上すること

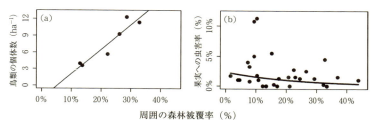

図4.19 コスタリカの農地景観における森林残存率と鳥類多様性（左図），および，森林残存率とコーヒー果実の損害率（右）
農地化が進展し過ぎずに森林が保全されると，鳥類が保全されることで生物防除が働く．その結果，コーヒー豆生産への損益を防ぐことができる．（[218]図3より引用）

を見出した（**図4.19**）．彼らの見積もりによると，森林を残し鳥類を保全することで，1年間に約75〜310米ドル／ヘクタールの経済損失を未然に防ぎ得るとのことである．

まだまだ研究の事例は限られている．このコスタリカの農地景観を対象とした研究は，生物多様性が生態系機能を支え，その結果として，人間社会にとって必要な生態系サービスが生まれ，実質的な経済的価値へとつながるという流れを定量的に示し得た数少ない事例であると言える．

―迅速な進化の可能性―

ここで，生物多様性と生態系機能の枠組みの中で，可能性は示され始めたが，まだまだ不確実性の高い研究テーマについても紹介したい．いずれも「迅速な進化」に関わることである．

まずは，「生物多様性―生態系機能」の実験区からの報告である．ドイツにあるイエーナ実験区では興味深い実験が行われた．植物種数とバイオマス生産との関係性を探る中で，欧米の研究者から成るグループは，世代をまたいだ効果が存在するのかを検証した[219]．

草本植物を用いた一連の多様性実験では，1種からだけなる単植

区と多種から成る混植区とが設けられることが一般的である．イエーナ実験区では，以前の実験（8年間）で用いた単植区と混植区の双方から種子を得て育て，それぞれを新たな単植区と混植区に植栽した．その後の実験の結果，単植区よりも混植区で生産性が高まる（つまり，種数が多いと生産性が高まる）だけでなく，この多様性効果の背景にある相補性効果が，種子の由来によって異なることを見出した．

たとえ同じ種でも，親が混植由来の個体でなる群集のほうが，親が単植由来の個体でなる群集よりも，多様性の効果が高まったのである．これは，混植にいた親個体のほうが，単植にいた親個体よりも多種との競争にさらされ選択された結果生き残ってきた個体なので，より多種との棲み分けに秀でているからだと推測された．実際に，種子の由来により機能形質での差別化（形質分化）の生じやすさに差があり，混植由来の混植区のほうが単植由来の混植区よりも種間の形質分化が生じていた．

以上の結果をもって，研究グループは，進化プロセスの中での多様性効果の高まりの可能性について言及している．さらには，林業や農業にも言及し，より多種との競争にさらされてきた品種を用いることが生産性の向上につながり得るとの示唆を提示した．なお，シーダークリーク実験区を率いてきた米国のデイビッド・ティルマンは，この研究に触れ，多様性が相補性を育む「迅速な進化」であると述べた [220]．進化をどのように定義するのかは難しいが，長い時間をかけずとも，生物種は数世代の間に他種との共存に必要な形質変化を生じさせ，その結果として生態系機能をも高め得る可能性が示され始めた．まだまだ不確実性が高いが，さまざまな可能性が見え始めた研究である．

つぎに紹介するのは，迅速な形質変化とそれに伴う「機能の絶

滅」の可能性である．ブラジルの大西洋に面した熱帯雨林では，人による狩猟や森林分断化の結果，オオハシ科（*Ramphastidae*）などの大きなくちばしをもった鳥類の種が局所絶滅してきた．これらの種は大型の種子を持つ植物種にとっては，必須の種子散布者である．大型散布者という機能を失ってしまった地域では，植物種は迅速な進化が求められている [221]．

　個体サイズの大きい種が環境変動に対して脆弱であることは，広く報告されている [222]．この地域でも，個体サイズが小さく，くちばしの小さい種のほうが残存することとなった．そのような種構成の変化の結果，大きなサイズの種子を持った植物にとっては，必須の種子散布者がいなくなってしまった．研究グループは，大型の種子を持つキーストーン種であるアッサイヤシ（*Euterpe edulis*）に着目して，種子散布者の変化が与える機能的影響を調べた．

　研究の結果，大型（幅が 12 mm 以上）のくちばしをもつ種が残存する地域と消失してしまった地域の間で，アッサイヤシの個体群間に種子サイズの変異が認められた（**図 4.20**）．後者の地域では，アッサイヤシの種子サイズが小さくなり，種子が大きいほどに種子が散布される確率が低下していた．この表現型の変化は，森林分断化が進んだ過去 100 年間で急速に生じたと推定された．一方で，前者の地域では，直径 12 mm 以上の種子も十分に散布されていた．そして，このサイズの種子が最も散布されやすく，大きくても小さくても散布されにくくなるといった，安定的な選択がかかっていることも分かった．大きな種子ほど発芽し，芽生えのサイズが大きくなり，結果として繁殖の成功につながることが知られている [223]．ゆえに，大きな種子を生産できず，むしろ小さな種子のほうが散布されてしまう地域では，アッサイヤシが急速な変化を迫られた結果として，長期的には，この種の存続にとって不利になる可能性が危

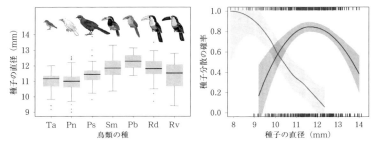

図 4.20 鳥類のくちばしサイズと種子散布の関係性からみる「機能的絶滅」の影響
くちばしサイズの種間差が，植物種の種子散布の可能性と関わる（左図：図の右側の種ほど，くちばしが大きい）．大型種は環境変動に敏感ゆえに，分断化が進展した地域では，大型くちばしの種が局所絶滅した．この生物多様性の機能的絶滅が生じた地域では，小さな種子ほどに散布されやすい（右図の左の右下に下がる曲線）．一方で，大型種の残る地域では，大型の種子（直径約 12 mm）がくちばしサイズにもっとも対応しており，散布されやすい（左図の右の凸型曲線）．([221]図2より引用)

惧されている．

　この研究事例は，人為影響による生物多様性の「機能的絶滅」と，その結果として，関連する生物種の個体群に対して負の影響が生じ得ることを示している．この場合，迅速な形質変化は，長期的には種の存続に関わる甚大な負の帰結をもたらすのかもしれない．

―鶏が先か卵が先か―

　「生物多様性―生態系機能」の関係性を解きほぐすにおいて，植物の種数とバイオマス生産との関係性が研究の中心に位置することは，先述のとおりである．しかしながら，植物種数が生産性を規定するといった因果関係に対して，異論も存在する．

　緯度勾配のような大きな空間スケールで観察すると，生産性の変化に伴い種数が線形に変わる．たとえば，生産性の高い低緯度地域ほどに（熱帯に向かうほどに），概して生物の種数が増加する．この場合，因果関係の中では，生産性が先に来る．一方で，景観内の

ような小さな空間スケールで観察すると，生産性と種数の関係性は，凸型（ひと山型）であることが古くから観察されてきた．しかしながら，このような凸型の関係性は，上述してきた植物群集における「種数―生産性」の知見と矛盾する．言い換えると，生産性が先か種数が先かといった，鶏が先か卵が先かのような議論が生じている．

長きにわたって，中庸な生産の場所で種数が最大化することが報告されてきた．つまり，生産性が原因で種数が結果である．この因果関係に対する異論が，2011 年にサイエンス誌に掲載された [224]．その後，2015 年には同じくサイエンス誌に，反対の結果を示す論文が掲載された [225]．再び生産性の中庸なところで種数が最大化するとの結果を示したのである．そして，2016 年，この結果を再度覆す論文がネイチャー誌に掲載された [226]．この論文は，種数が生産性を駆動するといった「生物多様性―生態系機能」の一連の研究成果を指示したものである．

何事においても，鶏が先か卵が先かの論争に最終結論を得ることは困難である．この一連の論争は，生物多様性の機能的役割として最も実証されてきた植物種数とバイオマス生産との関係性の普遍性について，一石を投じるものである．生態学の有する不確実性を体現しているとも言える．

―人間社会の安全と生物多様性―

人間社会の安全の観点からも，生物多様性の位置づけが議論されるようになっている．たとえば，先述した生物多様性の希釈効果による病原体の拡散リスク低減の可能性（本章 4.2）のような事象である．現状では，生物多様性による希釈効果については，実社会でのその有月性は限定的との見解が優勢である．しかしながら，希釈

効果については，実証例は累積してきており，その背景にあるプロセスも理論的に解かれ始めている．生物多様性を取り巻く事象においては，自然科学的な論理的説明と実証をまだまだ欠いており，より不確実性が高い課題がたくさんある．その中で少し触れたい課題として，「生物多様性と災害リスク」との関係性がある．

「グリーン・インフラストラクチャー」（以下，グリーンインフラ）と呼ばれる施設整備や土地利用に関心が集まっている（グリーンインフラ研究会[31]）．対象とする自然によっては，ブルー・インフラストラクチャーと呼ばれることもある．近年，「生態系を活用した防災・減災」（Eco-DRR として知られる）の文脈で，グリーンインフラに可能性が見出されている（[227] に詳しい）．コンクリートを用いた工学的なインフラストラクチャー（以下，グレーインフラ）に比して，多機能的で（たとえば，減災効果だけでなく景観に秀でる），費用対効果が高いと言われている [228]．

グリーンインフラは，自然を生かすことで自然災害と向き合うことを前提とする．コンクリートのダムを建設するよりは，遊水地のような場所を設けることで治水事業を進めるといったアプローチによる可能性を模索する．自然たる生態系が社会ひいては人類の福利に資することは，この数年多くの場で強調されている．国際的な議論も進みつつある [227]．たとえば，2015 年，国連防災世界会議において，「災害リスク削減に関する仙台枠組」が取りまとめられた．その中では，生態系に関する記述が多くみられる．生物多様性条約の枠組みにおいても，災害リスク削減の可能性はしばしば言及されている [229]．自然をベースにした災害との向き合い方に対する関心が高まっている．しかしながら，そこには「可能性」とともに「不確実性」がある．

たとえば，マングローブ林があると，津波時の被害を低減できる

といった事象がよく議論される．しかしながら，この機能は，現状では絶対的なものとは言えない．2004 年インド洋津波の際，マングローブ林はある程度の防潮堤として機能する一方で，強いインパクトに対する防壁とまでは至らなかったことが言及されている [230]．それでは，生態系が災害リスクの低減や削減に資する潜在性は幻想なのだろうか？　多くの議論はまだまだ抽象的で，まだまだ理論的根拠に欠けがちかもしれない．今後の実証研究の積み重ねにより，その有用性と限界の双方を明らかにしていく必要がある．

　本来，グリーンインフラの考え方には，生物多様性の文脈までもが具体的に含まれているわけではない．しかしながら，この議論に，生物多様性の文脈が含まれるようになってきている．グリーンインフラは，グレーインフラよりも，減災効果だけでなく，生物多様性の保全にも効果的であるとの考え方だけでない．ただグレーではなくグリーンがあることが大事との話ではない．自然の中にさまざまな役割を持つ異なる生物がいること（生物多様性が高いこと）が，減災・防災に資するかもしれないとの議論が始まっている．

　ここで，筆者らの研究を紹介したい [231]．日本では，戦後の木材需要をまかなうために，全土において拡大造林（広葉樹林を針葉樹人工林に土地転換）を行った．その際，日本全国で洪水や土砂崩れが多発したことが，経験的に知られている．その理由として，単一種の造林により土砂侵食や保水の機能が低下したことが推測されている（実証されたわけではない）．この背景には，以下のような生態学的プロセスの関与があるかもしれない．

　たとえば，地中における樹木の根の張り方は，樹種によって異なる．深く根を張る樹種もいれば，根系が地表近くに集中する樹種もいる．水平方向に広く根を張る樹種もいれば，鉛直方向に主に根系を拡張する樹種もいる．ゆえに，林地に多様な樹種がいるほうが，

地下部のあらゆる場所に根が張ることとなり，結果的に土砂流亡を防ぐこととなるかもしれない．さらには，スギあるいはヒノキの単植の針葉樹林は林床が暗く，下層植生が育たない．ゆえに，雨滴は土壌に直接に打ち付けられることとなる．これが，土壌浸食をさらに促進する．このようなメカニズムにより，樹種多様性の高い森林が流域の上部にあるほうが，洪水や土砂災害の低減に繋がる可能性がある．筆者らはこのような仮説に基づき，日本の国土の3分の2を占める森林を対象に，樹種多様性と土砂災害リスク（表層崩壊リスク）との関係性を定量的に解析した．

　ここで結論を述べると，樹種の高さが表層崩壊リスクの低減に資するのかどうかについては，否定はできないが，確固たる証拠を得るには至らなかった [231]．多様な樹種を維持しているような流域のほうが，土砂災害抑止の可能性があることは示唆できたが，現状では，あくまで潜在性を示す段階に過ぎない．言い換えると，生物多様性が高いと減災につながるというよりは，生物多様性が高いような土地利用のほうが減災につながり得るとの文脈のほうが色濃い．

　筆者の知る限り，生物多様性を駆動要因とする防災・減災の高まりという実証は，まだわずかしかない．たとえば，土砂流出や斜面崩壊，洪水などを防ぐ上での植生の重要性は，広く認知されている．この文脈に生物多様性を含んでみる．植物多様性（種数や機能的多様性など）の高さがこれら水害・土砂災害を防ぐのだろうか？　この可能性についての実証研究はごく限られている（たとえば，[232, 233]）．

　現実の世界で，グリーンインフラとしての自然があるだけでなく，生物多様性の高さこそが災害抑止といった生態系サービスを高め得るのかどうかについては，より詳細な研究の積み重ねが必要である．

おわりに
―生物多様性をめぐって

 どのような事象であれ，価値観や概念が多様であることは当然である．「多様性」について考える際に，多様性の捉え方に多様性があることは，ある意味で必然とも言える．これまでに紹介したように，生物多様性には捉え方・定量化の方法も，その成り立ちのプロセスにも多様さがある．

 さらには，生物多様性と生態系サービスの関係性も曖昧である．必ずしも「自然があること＝生物多様性」ではない．生態系サービスは生態系より生まれるが，必ずしも「生物多様性 → 生態系サービス」ではない．生物多様性と生態系サービの関係性に絶対的な定義は必要ないだろうが，両者の用語がまるで互換性があるかのように用いられているのも事実である．必ずしも「生物多様性＝生態系サービス」ではない．さまざまな解釈や見解があることも，多様性の重要な要素だとの意見も頻繁に耳にする．「生物多様性の多様性」をめぐる状況は，考えれば考えるほどに複雑で手強い．

 近年，「生物多様性及び生態系サービスに関する政府間科学-

政策プラットフォーム（IPBES）」の枠組みにおける活動が活発化している．しかし，この国際的枠組みにおいても，生物多様性と生態系サービスの両者についての確固たる位置づけがなされているわけではない．たとえば，IPBES の組織名にも含まれている「ecosystem services」の用語は，2015 年には「nature's benefits to people」に内包されるとの定義が提示され[234]，その後 2017 年には「nature's contributions to people」に再度改訂されることとなった[235]．世界の各国・各地域を代表する生物多様性／生態系サービスの専門家が参加する取り組みであるにもかかわらず，組織名に含まれるキーワードの定義や位置づけが定まっていないのである（**Box 5.1** も参照されたい）．専門家と呼ばれる人々の中でもまだ混乱しているのだから，生物多様性／生態系サービスをめぐる問題の具体的な認知が進まないのは，ある意味当然とも言える．

―保全について再び考える―

　今一度問いかけたい．生物多様性という言葉は，「保全」という言葉とともに，世の中に広がりを見せつつある．それでは，なぜ生物多様性を保全する必要があるのだろうか？

　今までとは異なる視点からも考えたい．ヒトが宇宙人に侵略されたり捕食されたりするような映画では，最終的に一致団結した戦いにより人間側が宇宙人を追い払い勝利する．侵略や捕食を回避でき，取り戻した平和に歓喜する様子がエンディングで流れる．このような映画が，時おり放映される．この場合，ヒトは被食者で，宇宙人が捕食者である．しかしながら，現在の地球上では，ヒトはまさにこの例で言うところの宇宙人のような振る舞いをしているのではないだろうか？　ヒトにトロフィーハンティングで狩猟される，漁業を介して捕食される動物は，自然界にはたくさんいる．しかし

おわりに―生物多様性をめぐって　167

Box 5.1　生物多様性と生態系サービスの位置づけ

　生物多様性と生態系サービスの双方を深く理解している専門家は少ないのが，現状である．たとえば，2014年に筆者が参加したIPBESの統合報告書（シナリオとモデルのアセスメント [173]）の執筆者会議では，生物多様性モデルに関する専門家が8名集まり，担当章の構成を議論していた．議論開始直後に，その場に生態系サービスのシナリオやモデルに詳しいメンバーがいないことが分かった．その際，執筆専門家のひとりが生態系サービスのことまで本当に執筆するのかどうかを質問するために，取りまとめ役のところへと走って確認に行った．「生物多様性及び生態系サービスに関する政府間科学-政策プラットフォーム」なのだから，生物多様性だけを取り扱えばよい訳ではないことは自明なのだが，それほどに専門家と呼ばれるメンバーでも双方を網羅することは難しいのである．

　一方で，人間社会での自然資本の経済的意義，生態系サービスの創出，利益や価値などに対する造詣が深い専門家であっても，生物多様性に対する見解や理解が限定的である場合も多い．たとえば，生物多様性のどの要素がどのようなプロセスを経て生態系機能を支え，生態系サービスを創出しているのか，一連のメカニズムを自然科学の視点から理解できる経済学の専門家は，世界的にもごくわずかと推測される．

　個人がすべてを網羅することはできない．多様性を理解するためには，多様なバックグラウンドや専門性を持った人々が集まり協働することが必要である．IPBESの報告書執筆の中で垣間見たこれらの出来事は，生物多様性と生態系サービスをめぐる状況を如実に表していると感じられた．

ながら，これらの動物から見た視点でヒトという種の衰退・撤退を望む人間は少ないだろう．なぜに，ヒトから見た捕食者である宇宙人が許されず，動物から見た捕食者であるヒトは許されるのだろうか？　その答えは，われわれ自身がヒトであるからである．動物を捕食すること自体は，われわれ人間社会の食糧供給において重要な事項である．トロフィーハンティングは許容できなくても，漁業は許容できるという日本人は非常に多いと思われる．言い換えれば，人間が自然界の生き物を殺すこと自体に大義名分があれば，その行為は正当化されるとも言える．それでは，先の例では，地球人を侵略に来ることに，宇宙人にとっての大義はなかったのだろうか？

　ヒトは「超捕食者」であると言われ始めている [236]．ヒトという種は，どの高位捕食者よりも生物を捕食して存在している．特に特徴的なのは，自然界の捕食動物に比べて，ヒトは成体の被食者を捕食する割合が高い．成体は，その種の個体群の維持にとっては，「資本」である．いわば「利息」である幼体を捕食するのに比べて，個体群の維持にとっての負の影響が大きい．銀行に預けている預金の利息だけを使用するのではなく，元本そのものを使用すれば，当然ながら預金は減る一方である．この観点から考えると，人間活動としての狩猟や漁業は，ただ捕食量が多いだけでなく，被食者動物の存続にとっても深刻な負の影響を及ぼす可能性がある．

　われわれ人間社会は，生き物を殺すことにも守ることにも意義を見出し，時間も労力も予算も使用している．生物の利用と保全とは一体何なんだろうか？　今一度よく考え，個々の価値観を育む必要があるだろう（**Box 5.2** も参照されたい）．

―地球環境変動の時代の生物多様性科学―

　日本では，マングース（*Herpestes auropunctatus*），オオヒ

Box 5.2　生物多様性と生態系サービスの保全を考える

　生物多様性が生態系機能を支える関係性の中で，機能的冗長性について触れた（第 4 章）．生態系機能（あるいは生態系サービス）を一つだけ考えると，機能的冗長種が存在する．しかし，機能的冗長性は，機能性の文脈を多次元化するほどに消え去っていく（図 4.17）．言い換えると，あの機能もこの機能も大事ならば，あの種もこの種も大事となる．特定の機能だけに絞って考えても，時間や場所を変えれば別の種が貢献し得るので，やはりどの種も大事となる．人間社会は生態系の一次生産だけがあればよいのではない．病原体の蔓延抑止も，農地生態系での花粉送粉も，森林による治水・治山効果も……といったように数多の生態系サービスが必要である．このように考えるとあらゆる可能性が考えられるので，機能的冗長種はまったくいなくなり，すべての種が必要との極論に達するかもしれない．全種保全は現実的な目標だろうか？

　図 5.1 で考えると，機能性やサービスの次元数を A から B へと減ら

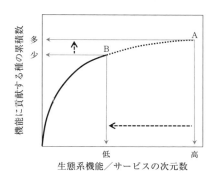

図 5.1　種数と生態系機能の次元数の関係性
対象とする機能／サービスの種類や時間・場所を増やしていくと（機能の次元数の増加），より多くの種が貢献することとなり，その累積種数は増加する．一方で，機能の次元数を A から B へと減らすと貢献種数も減る（この方向性は破線の矢印で示した）．

すほどに，保全対象となる種数が減少する．一部の生物種が不要であるとか無駄であるとか述べているのではない．ここで考えたいことは，現実世界において，生態系の機能性やサービスをどれだけ期待し，そのためにどれだけの保全努力が可能なのかということである．「超捕食者」の例のように，人間活動の生物多様性に対する影響は甚大である．生態系の機能性をAからBへと妥協することで生物多様性の保全も妥協するのか（水平方向の破線矢印），保全対象をBからAへと拡大することで自然の恩恵を高めるのか（垂直方向の破線矢印），生物多様性と生態系サービスの関係性の中で何を起点とするべきなのだろうか？破線の矢印のサイズは，ある意味での妥協を表すのかもしれない．

キガエル（*Rhinella marina*）などの外来種が意図的に導入されたことがよく知られている．マングースはハブ（*Protobothrops flavoviridis*）を駆逐するために，オオヒキガエルは農地での害虫駆除のために導入された（環境省[32]）．人間社会にとって都合の悪い生物（人間社会から主観的に捉えると，有害生物と呼ばれる）の排除のためである．しかしながら，当初目的は果たせず，むしろ在来の生物種を脅かすに至った．マングースの場合は，ヤンバルクイナ（*Gallirallus okinawae*）を捕食してきたことがよく知られている．これらの事例は，食物網の中での生物同士の複雑なつながりを無視してきたことを如実に表している．

　本来，異なる地域の生物は，地理的に隔離されている．島嶼生物地理学が示したように，生物多様性の空間パターンを説明するにおいて，地理的隔離は最も重要な要因である．しかしながら，人間活動の顕著な現代，貿易や通商は地理的隔離に勝る時代になってしまったと言われている．島嶼生物地理学に基づくと，個々の島にいる生物種の数は島のサイズと地理的隔離により説明できる．しかしながら，外来種を対象にして検証すると，地理的隔離よりも経済的隔

離のほうが強い説明因子となっていた [237]．このように，人間活動の影響は自然界の法則性をも凌駕しているのである．

島嶼生物地理学のロバート・マッカーサーは，「天文学が実験によらないことを非難する人はいない」といったことに例えて，生物地理学を擁護したと言われている [238]．同様に，エドワード・ウィルソンは，同僚が自然史研究を切手収集になぞらえ，「分子生物学こそ唯一の生物学である」と宣言したとき，彼らの振る舞いを傲慢と見なして反発したと言われている．生態系での現象を模索し理論的に説明する努力は，ときに過小評価されてきたのである．しかしながら，自然界の法則性をも乱している現代の人間活動の影響の大きさと生態系から得られる恩恵の双方を考えたとき，生態学や進化学，生物地理学といった基礎科学の重要性が浮かび上がってくる．

「文明崩壊」の書で知られるジャレッド・ダイアモンドは，島嶼生物地理学を発展させただけでなく，その理論に基づき，自然保護区は大きく作るべきとの主張を行ってきたことでも知られる [239]．保護区は少なくても大きくすべきか，あるいは，小さくても沢山作るべきかの論争がある（「SLOSS論争」として知られる [240]）．この論争の中心人物のひとりであるダニエル・シンバロフは，ウィルソンの教え子であったが，後に SLOSS 論争をめぐりウィルソンやダイアモンドと対立している [241]．複雑な自然界での法則性を模索するなかで，ときに実証や反証実験の困難な課題を扱うがために，生態系をめぐる研究は，非定量的とか哲学的な自然科学とも言われる．しかしながら，彼らのように，基礎科学に立脚し，議論を繰り返し，社会的課題に立ち向ってきた人々がいる．温室効果ガスの排出による人為的な温暖化，貿易や通商などの人の動きを介した外来種の拡散，農地での過剰な窒素やリンによる施肥の問題など，

現在は「地球環境変動」の時代であると言われている．この時代に，生物多様性を探求する科学の役割について，本書では幅広く触れてきた．

　いつかはすべての種はいなくなる．地球史のなかでは，大半の種が絶滅してきた．絶滅していないのは現存する種だけで，まだ種としては若いだけなのかもしれない．ゆえに，共存というのはひとときのもので，厳密にいえば，ともに残ることなんてありえないとも言えるだろう．ある種が直接的・間接的に，長い時間をかけて他の種を絶滅に追いやることも自然の摂理かもしれない．環境の複雑性，気候変動，生物間相互作用の複雑さのために，ある優占種が他種を駆逐してしまう状況が簡単には生じなくなっている．その結果，多種が存在する群集が維持されている．しかしながら，これらの種すべてが永久に共存できるわけではない．

　ヒト（現代人）という種がいつまで存続できるのだろうか？　それは分からない．しかしながら，ヒトはこの地球上で圧倒的な影響力を持ってしまった初めての種である．あらゆる種がいつかは絶滅するかもしれないが，その可能性や時期を高め，実際に絶滅にまで追いやることのできる唯一の種がヒトと言える．ヒトの集まり，つまり人間社会は自然からは切り離せない．地球生態系の一部である．数多の種との共存をできるだけ長く穏やかにするための努力が，我々人間という生物種には危急に求められている．

引用文献

[1] Steffen W, *et al*. (2015) Sustainability. Planetary boundaries: guiding human development on a changing planet. *Science* **347**: 1259855.

[2] Rockström J, *et al*. (2009) A safe operating space for humanity. *Nature* **461**: 472-475.

[3] Rockström J (2009) Planetary boundaries: Exploring the safe operating space for humanity. *Ecology and Society* **14**: 32.

[4] 大沼 あゆみ (2014)『生物多様性保全の経済学』(有斐閣).

[5] Di Minin E, Leader-Williams N, & Bradshaw CJ (2016) Banning trophy hunting will exacerbate biodiversity loss. *Trends. Ecol. Evol.* **31**: 99-102.

[6] Lindsey PA, Balme GA, Funston PJ, Henschel PH, & Hunter LTB (2016) Life after Cecil: channelling global outrage into funding for conservation in Africa. *Conserv. Lett.* **9**: 296-301.

[7] Di Minin E, Fraser I, Slotow R, & MacMillan DC (2013) Understanding heterogeneous preference of tourists for big game species: implications for conservation and management. *Anim. Conserv.* **16**: 249-258.

[8] Booth VR (2010) The contribution of hunting tourism: How significant is this to national economies. in *CIC Technical Series Publication* (FAO).

[9] IUCN (2016) Informing decisions on trophy hunting. (International Union for Conservation of Nature), p.19.

[10] Ripple WJ, Newsome TM, & Kerley GI (2016) Does trophy hunting

support biodiversity? A response to Di Minin *et al. Trends. Ecol. Evol.* **31**: 495-496.

[11] Woodroffe R, Hedges S, & Durant SM (2014) To fence or not to fence. *Science* **344**: 46-48.

[12] Coltman DW, *et al.* (2003) Undesirable evolutionary consequences of trophy hunting. *Nature* **426**: 655-658.

[13] Sergio F, Newton I, & Marchesi L (2005) Conservation: top predators and biodiversity. *Nature* **436**: 192.

[14] Sergio F, Newton IAN, Marchesi L, & Pedrini P (2006) Ecologically justified charisma: preservation of top predators delivers biodiversity conservation. *J. Appl. Ecol.* **43**: 1049-1055.

[15] Naiman RJ, Johnston CA, & Kelley JC (1988) Alteration of North American Streams by Beaver. *BioScience* **38**: 753-762.

[16] Hanski I, *et al.* (2012) Environmental biodiversity, human microbiota, and allergy are interrelated. *Proc. Natl. Acad. Sci. USA* **109**: 8334-8339.

[17] Naidoo R, Weaver LC, Stuart-Hill G, & Tagg J (2011) Effect of biodiversity on economic benefits from communal lands in Namibia. *J. Appl. Ecol.* **48**: 310-316.

[18] TEEB (2010) *The Economics of Ecosystems and Biodiversity: Mainstreaming the economics of nature: A synthesis of the approach, conclusions and recommendations of TEEB.*

[19] Berkes F, Colding J, & Folke C (2003) *Navigating social-ecological systems. Building resilience for complexity and change* (Cambridge University Press, New York, US).

[20] Gunderson LH, Allen CR, & Holling CS (2009) *Foundation of Ecological Resilience* (Island Press, Washington D.C., US).

[21] Chapin FSI, Kofinas GP, & Folke C (2009) *Principles of ecosystem stewardship. Resilience-based natural resource management in a changing world* (Springer, New York, US).

[22] Hunter M (1996) Benchmarks for Managing Ecosystems: Are Human Activities Natural? *Conserv. Biol.* **10**: 695–697.

[23] 森 章 (2012)『エコシステムマネジメント —包括的な生態系の保全と管理へ—』(共立出版) p.348.

[24] Magurran AE & McGill BJ (2011) *Biological diversity* (Oxford University Press) p.345.

[25] 宮下 直, 千葉 聡, 井鷺 裕 (2012)『生物多様性と生態学—遺伝子・種・生態系』(朝倉書店).

[26] Karp DS, Ziv G, Zook J, Ehrlich PR, & Daily GC (2011) Resilience and stability in bird guilds across tropical countryside. *Proc. Natl. Acad. Sci. USA* **108**: 21134–21139.

[27] Layzer JA (2008) *Natural experiments. Ecosystem-based management and the environment* (MIT Press, Cambridge, USA).

[28] Chapin FSI, Walker LR, Faste CL, & Sharman LC (1994) Mechanisms of primary succession following deglaciation at Glacier Bay, Alaska. *Ecol. Monogr.* **64**: 149–175.

[29] Foley JA, Coe MT, Scheffer M, & Wang G (2003) Regime shifts in the Sahara and Sahel: Interactions between ecological and climatic systems in Northern Africa. *Ecosystems* **6**: 524–532.

[30] Mori AS & Lertzman KP (2011) Historic variability in fire-generated landscape heterogeneity of subalpine forests in the Canadian Rockies. *J. Veg. Sci.* **22**: 45–58.

[31] Noss RF, Franklin JF, Baker WL, Schoennagel T, & Moyle PB (2006) Managing fire-prone forests in the western United States. *Front. Ecol. Envion.* **4**: 481–487.

[32] Mori AS (2011) Ecosystem management based on natural disturbances: hierarchical context and non-equilibrium paradigm. *J. Appl. Ecol.* **48**: 280–292.

[33] Tansley AG (1935) The Use and Abuse of Vegetational Concepts and Terms. *Ecology* **16**: 284–307.

[34] Kohyama T & Takada T (2009) The stratification theory for plant coexistence promoted by one-sided competition. *J. Ecol.* **97**: 463–471.

[35] Claussen M, *et al.* (1999) Simulation of an abrupt change in Saharan vegetation in the mid-Holocene. *Geophys. Res. Let.* **26**: 2037–2040.

[36] Kropelin S, *et al.* (2008) Climate-driven ecosystem succession in the Sahara: the past 6000 years. *Science* **320**: 765–768.

[37] Brovkin V & Claussen M (2008) Comment on "Climate-driven ecosystem succession in the Sahara: the past 6000 years". *Science* **322**: 1326.

[38] UNEP (2009) Ecosystem management programme: A new approach to sustainability. (Division of Environmental Policy Implementation, United Nations Environment Programme, Nairobi, Kenya).

[39] Folke C, *et al.* (2004) Regime shifts, resilience, and biodiversity in ecosystem management. *Ann. Rev. Ecol. Evol. Syst.* **35**: 557–581.

[40] Green RE, *et al.* (2010) A draft sequence of the Neandertal genome. *Science* **328**: 710–722.

[41] de Queiroz K (2005) Ernst Mayr and the modern concept of species. *Proc. Natl. Acad. Sci. USA* **102**: 6600–6607.

[42] Mayr E (1963) *Animal species and evolution* (Belknap Press of Harvard University Press).

[43] May RM (1988) How many species are there on Earth? *Science* **241**: 1441–1449.

[44] May RM & Beverton RJH (1990) How many species? [and Discussion]. *Phil. Trans. R. Soc. B* **330**: 293–304.

[45] May RM (1992) How many species inhabit the Earth? *Scientific American* **267**: 18–24.

引用文献   177

[46] May RM (2010) Tropical arthropod species, more or less? *Science* **329**: 41-42.

[47] Costello MJ, May RM, & Stork NE (2013) Can we name Earth's species before they go extinct? *Science* **339**(6118): 413-416.

[48] Caley MJ, Fisher R, & Mengersen K (2014) Global species richness estimates have not converged. *Trends. Ecol. Evol.* **29**: 187-188.

[49] Mora C, Tittensor DP, Adl S, Simpson AG, & Worm B (2011) How many species are there on Earth and in the ocean? *PLoS. Biol.* **9**: e1001127.

[50] Costello MJ, Wilson S & Houlding B (2012) Predicting total global species richness using rates of species description and estimates of taxonomic effort. *Syst. Biol.* **61**: 871-883.

[51] Chen Z-Q & Benton MJ (2012) The timing and pattern of biotic recovery following the end-Permian mass extinction. *Nat. Geosci.* **5**: 375-383.

[52] Barnosky AD, *et al.* (2011) Has the Earth's sixth mass extinction already arrived? *Nature* **471**: 51-57.

[53] Pereira HM, *et al.* (2010) Scenarios for global biodiversity in the 21st century. *Science* **330**: 1496-1501.

[54] Laurance WF (2013) The race to name Earth's species. *Science* **339**: 1275.

[55] Wells RS, *et al.* (2001) The Eurasian heartland: a continental perspective on Y-chromosome diversity. *Proc. Natl. Acad. Sci. USA* **98**: 10244-10249.

[56] Botigue LR, *et al.* (2013) Gene flow from North Africa contributes to differential human genetic diversity in southern Europe. *Proc. Natl. Acad. Sci. USA* **110**: 11791-11796.

[57] Hellenthal G, *et al.* (2014) A genetic atlas of human admixture history. *Science* **343**: 747-751.

[58] Bigham A, *et al.* (2010) Identifying signatures of natural selection

in Tibetan and Andean populations using dense genome scan data. *PLoS. Genet.* **6:** e1001116.

[59] Miraldo A, *et al.* (2016) An Anthropocene map of genetic diversity. *Science* **353:** 1532–1535.

[60] Wang Z, Brown JH, Tang Z, & Fang J (2009) Temperature dependence, spatial scale, and tree species diversity in eastern Asia and North America. *Proc. Natl. Acad. Sci. USA* **106:** 13388–13392.

[61] Pereira HM (2016) A latitudinal gradient for genetic diversity. *Science* **353:** 1494–1495.

[62] McGill BJ, *et al.* (2007) Species abundance distributions: moving beyond single prediction theories to integration within an ecological framework. *Ecol. Lett.* **10:** 995–1015.

[63] Doi H & Mori T (2013) The discovery of species-abundance distribution in an ecological community. *Oikos* **122:** 179–182.

[64] Dornelas M & Connolly SR (2008) Multiple modes in a coral species abundance distribution. *Ecol. Lett.* **11:** 1008–1016.

[65] Matthews TJ, Borges PAV, & Whittaker RJ (2014) Multimodal species abundance distributions: a deconstruction approach reveals the processes behind the pattern. *Oikos* **123:** 533–544.

[66] Fujii S, *et al.* (2017) Disentangling relationships between plant diversity and decomposition processes under forest restoration. *J. Appl. Ecol.* **54:** 80–90.

[67] Mori AS, Qian S, & Tatsumi S (2015) Academic inequality through the lens of community ecology: a meta-analysis. *Peer. J.* **3:**e1457.

[68] Whittaker RH (1960) Vegetation of the Siskiyou Mountains, Oregon and California. *Ecol. Monogr.* **30:** 279–338.

[69] Mori AS, *et al.* (2015) Biotic homogenization and differentiation of soil faunal communities in the production forest landscape: taxonomic and functional perspectives. *Oecologia* **177:** 533–544.

[70] Mori AS, *et al.* (2015) Concordance and discordance between

taxonomic and functional homogenization: responses of soil mite assemblages to forest conversion. *Oecologia* **179**: 527–535.

[71] 相川 高信 (2014) 21 世紀の国土のために「縮小」造林政策を考える.「季刊 政策・経営研究」pp.78-91.

[72] Gamez-Virues S, *et al*. (2015) Landscape simplification filters species traits and drives biotic homogenization. *Nat. Commun.* **6**: 8568.

[73] Olden JD (2006) Biotic homogenization: a new research agenda for conservation biogeography. *J. Biogeogr.* **33**: 2027–2039.

[74] Anderson MJ, *et al*. (2010) Navigating the multiple meanings of beta diversity: a roadmap for the practicing ecologist. *Ecol. Lett.* **14**: 19–28.

[75] Tuomisto H (2010) A diversity of beta diversities: straightening up a concept gone awry. Part 1. Defining beta diversity as a function of alpha and gamma diversity. *Ecography* **33**: 2–22.

[76] Tuomisto H (2010) A diversity of beta diversities: straightening up a concept gone awry. Part 2. Quantifying beta diversity and related phenomena. *Ecography* **33**: 23–45.

[77] Stuart-Smith RD, *et al*. (2013) Integrating abundance and functional traits reveals new global hotspots of fish diversity. *Nature* **501**: 539–542.

[78] Vellend M, *et al*. (2013) Global meta-analysis reveals no net change in local-scale plant biodiversity over time. *Proc. Natl. Acad. Sci. USA* **110**: 19456–19459.

[79] Dornelas M, *et al*. (2014) Assemblage time series reveal biodiversity change but not systematic loss. *Science* **344**: 296–299.

[80] Magurran AE, Dornelas M, Moyes F, Gotelli NJ, & McGill B (2015) Rapid biotic homogenization of marine fish assemblages. *Nat. Commun.* **6**: 8405.

[81] Devictor V, *et al*. (2010) Spatial mismatch and congruence between

taxonomic, phylogenetic and functional diversity: the need for integrative conservation strategies in a changing world. *Ecol. Lett.* **13**: 1030–1040.

[82] Pennisi E (2003) Modernizing the tree of life. *Science* **300**: 1692–1697.

[83] Winter M, Devictor V, & Schweiger O (2013) Phylogenetic diversity and nature conservation: where are we? *Trends. Ecol. Evol.* **28**: 199–204.

[84] Cadotte MW & Davies TJ (2016) *Phylogenies in ecology: a guide to concepts and methods*(Princeton University Press, Princeton, New Jersey) p.264.

[85] Swenson NG (2014) *Functional and phylogenetic ecology in R* (Springer, New York) p.212.

[86] Cadotte MW, Carscadden K, & Mirotchnick N (2011) Beyond species: functional diversity and the maintenance of ecological processes and services. *J. Appl. Ecol.* **48**: 1079–1087.

[87] Perez-Harguindeguy N, *et al.* (2013) New handbook for standardised measurement of plant functional traits worldwide. *Aust. J. Bot.* **61**: 167–234.

[88] Pellegrini AF, *et al.* (2017) Convergence of bark investment according to fire and climate structures ecosystem vulnerability to future change. *Ecol. Lett* **20**: 307–316.

[89] Moretti M, *et al.* (2016) Handbook of protocols for standardized measurement of terrestrial invertebrate functional traits. *Funct. Ecol* **31**: 558–567.

[90] De Bie T, *et al.* (2012) Body size and dispersal mode as key traits determining metacommunity structure of aquatic organisms. *Ecol. Lett.* **15**: 740–747.

[91] Kunstler G, *et al.* (2015) Plant functional traits have globally consistent effects on competition. *Nature* **529**: 204–207.

[92] Kohyama T (1993) Size-structured tree populations in gap-dynamic forest -the forest architecture hypothesis for the stable coexistence of species. *J. Ecol.* **81**: 131-143.

[93] 佐々木 雄大, 小山 明日香, 小柳 知代, 古川 拓哉, 内田 圭 (2015)『植物群集の構造と多様性の解析』(共立出版).

[94] Laliberté E & Legendre P (2010) A distance-based framework for measuring functional diversity from multiple traits. *Ecology* **91**: 299-305.

[95] Villeger S, Mason NW, & Mouillot D (2008) New multidimensional functional diversity indices for a multifaceted framework in functional ecology. *Ecology* **89**: 2290-2301.

[96] Karp DS, *et al.* (2012) Intensive agriculture erodes beta-diversity at large scales. *Ecol. Lett.* **15**: 963-970.

[97] Karp DS, Moeller HV, & Frishkoff LO (2013) Nonrandom extinction patterns can modulate pest control service decline. *Ecol. Appl.* **23**: 840-849.

[98] Fleishman E, Noss R, & Noon B (2006) Utility and limitations of species richness metrics for conservation planning. *Ecological Indicators* **6**: 543-553.

[99] Hubbell SP (2001) *The unified neutral theory of biodiversity and biogeography* (Princeton University Press, Princeton, USA).

[100] 宮下 直, 野田 隆史 (2003)『群集生態学』(東京大学出版会).

[101] 大串 隆之, 近藤 倫生, 野田 隆史 (2008)『メタ群集と空間スケール』(京都大学学術出版会).

[102] Morin PJ (2011) *Community ecology. 2nd etition* (John Wiley & Sons).

[103] Vellend M (2016) *the theory of ecological communities* (Princeton University Press) p.248.

[104] Diamond J & Case TJ (1986) *Community ecology* (Harper & Row).

[105] Leibold MA, *et al.* (2004) The metacommunity concept: a frame-

work for multi-scale community ecology. *Ecol. Lett.* **7**: 601–613.

[106] Mougi A & Kondoh M (2012) Diversity of interaction types and ecological community stability. *Science* **337**: 349–351.

[107] Yoshida T, Jones LE, Ellner SP, Fussmann GF, & Hairston NG, Jr. (2003) Rapid evolution drives ecological dynamics in a predator-prey system. *Nature* **424**: 303–306.

[108] Brown JH (2014) Why are there so many species in the tropics? *J. Biogeogr.* **41**: 8–22.

[109] Janzen DH (1970) Herbivores and the Number of Tree species in Tropical Forest. *Am. Nat.* **104**: 501–528.

[110] Connell JH (1971) On the role of natural enemies in preventing competitive exclusion in some marine animals and in rain forest trees. *Dynamics of Population*, eds Den Boer PJ & Gradwell GR (Centre for Agricultural Publishing and Documentation, Wageningen, the Netherlands), pp.298–312.

[111] Chesson P (2000) Mechanisms of Maintenance of Species Diversity. *Ann. Rev. Ecol. Syst.* **31**: 343–366.

[112] Harms KE, Wright SJ, Calderon O, Hernandez A, & Herre EA (2000) Pervasive density-dependent recruitment enhances seedling diversity in a tropical forest. *Nature* **404**: 493–495.

[113] 清和 研二 (2015)『多種共存の森』(築地出版).

[114] Comita LS (2017) How latitude affects biotic interactions. *Science* **356**: 1328–1329.

[115] LaManna JA, *et al.* (2017) Plant diversity increases with the strength of negative density dependence at the global scale. *Science* **356**: 1389–1392.

[116] Bagchi R, *et al.* (2014) Pathogens and insect herbivores drive rainforest plant diversity and composition. *Nature* **506**: 85–88.

[117] Janzen DH (1967) Why mountain passes are higher in the tropics. *The American Naturalist* **101**: 233–249.

引用文献　183

[118] McCain CM (2009) Vertebrate range sizes indicate that mountains may be 'higher' in the tropics. *Ecol. Lett.* **12**: 550-560.

[119] Brown JH, Gillooly JF, Allen AP, Savage VM, & West GB (2004) Toward a Metabolic Theory of Ecology. *Ecology* **85**: 1771-1789.

[120] Van Valen L (1973) A new evolutionary law. *Evolutionary Theory* **1**: 1-30.

[121] Fuhrman JA, *et al.* (2008) A latitudinal diversity gradient in planktonic marine bacteria. *Proc. Natl. Acad. Sci. USA* **105**: 7774-7778.

[122] Hutchinson GE (1957) Concluding remarks. *Cold Spring Harb. Symp. Quant. Biol.* **22**: 415-427.

[123] MacArthur RH & Levins R (1967) The limiting similarity, convergence and divergence of coexisting species. *Am. Nat.* **101**: 377-385.

[124] Gause GF (1934) *The struggle for existence* (Williams & Wilkins, Baltimore).

[125] Gause GF (1932) Experimental studies on the struggle for existence. *Journal of experimental botany* **9**: 389-402.

[126] Hutchinson GE (1961) The paradox of the plankton. *Am. Nat.* **95**: 137-145.

[127] Henderson BD (1989) The origin of strategy. What business owes Darwin and other reflections on competitive dynamics. *Harv. Bus. Rev.* **67**: 139-143.

[128] Guisan A & Thuiller W (2005) Predicting species distribution: offering more than simple habitat models. *Ecol. Lett.* **8**: 993-1009.

[129] Lozier JD, Aniello P, & Hickerson MJ (2009) Predicting the distribution of Sasquatch in western North America: anything goes with ecological niche modelling. *J. Biogeogr.* **36**: 1623-1627.

[130] Anderson RP (2017) When and how should biotic interactions be considered in models of species niches and distributions? *J.*

Biogeogr. **44**: 8–17.

[131] Thuiller W, *et al.* (2011) Consequences of climate change on the tree of life in Europe. *Nature* **470**: 531–534.

[132] Bertrand R, *et al.* (2011) Changes in plant community composition lag behind climate warming in lowland forests. *Nature* **479**: 517–520.

[133] Morin X & Thuiller W (2009) Comparing niche-and process-based models to reduce prediction uncertainty in species range shifts under climate change. *Ecology* **90**: 1301–1313.

[134] HilleRisLambers J, Adler PB, Harpole WS, Levine JM, & Mayfield MM (2012) Rethinking Community Assembly through the Lens of Coexistence Theory. *Ann. Rev. Ecol. Evol. Syst.* **43**: 227–248.

[135] Clements FE (1916) *Plant succession: An analysis of the development of vegetation* (Carnegie Institution of Washington, Washington D.C.).

[136] Fukami T (2015) Historical Contingency in Community Assembly: Integrating Niches, Species Pools, and Priority Effects. *Ann. Rev. Ecol. Evol. Syst.* **46**: 1–23.

[137] Chase JM (2003) Community assembly: when should history matter? *Oecologia* **136**: 489–498.

[138] Schoener TW (1976) Alternatives to Lotka-Volterra competition: Models of intermediate complexity. *Theor. Pop. Biol.* **10**: 309–333.

[139] Fukami T, Beaumont HJ, Zhang XX, & Rainey PB (2007) Immigration history controls diversification in experimental adaptive radiation. *Nature* **446**: 436–439.

[140] Fukami T (2004) Assembly History Interacts with Ecosystem Size to Influence Species Diversity. *Ecology* **85**: 3234–3242.

[141] Chase JM (2007) Drought mediates the importance of stochastic community assembly. *Proc. Natl. Acad. Sci. USA* **104**: 17430–17434.

引用文献　　185

[142] Fukami T & Nakajima M (2011) Community assembly: alternative stable states or alternative transient states? *Ecol. Lett*. **14**: 973-984.

[143] Fukami T, *et al.* (2010) Assembly history dictates ecosystem functioning: evidence from wood decomposer communities. *Ecol. Lett*. **13**: 675-684.

[144] Hubbell SP（著）平尾 聡秀, 島谷 健一郎, 村上 正志（翻訳）(2009)『群集生態学——生物多様性学と生物地理学の統一中立理論』(文一総合出版).

[145] 久保田 康 (2011) 森林の種多様性.『シリーズ現代の生態学：森林生態学』日本生態学会 編（共立出版）pp.206-223.

[146] MacArthur RH & Wilson EO (1967) *The theory of island biogeography* (Princeton University Press, Princeton, N.J.).

[147] Chave J (2004) Neutral theory and community ecology. *Ecol. Lett*. **7**: 241-253.

[148] McGill B (2003) A test of the unified neutral theory of biodiversity. *Nature* **422**: 881-885.

[149] Volkov I, Banavar JR, Hubbell SP, & Maritan A (2003) Neutral theory and relative species abundance in ecology. *Nature* **424**: 1035-1037.

[150] Gravel D, Canham CD, Beaudet M, & Messier C (2006) Reconciling niche and neutrality: the continuum hypothesis. *Ecol. Lett*. **9**: 399-409.

[151] Rosindell J, Hubbell SP, He F, Harmon LJ, & Etienne RS (2012) The case for ecological neutral theory. *Trends. Ecol. Evol*. **27**: 203-203.

[152] Motomura I (1932) A statistical treatment of associations. *Jap. J. Zool*. **44**: 379-383 (in Japanese).

[153] Kimura M (1968) Evolutionary rate at the molecular level. *Nature* **217**: 624-626.

[154] Tucker CM, Shoemaker LG, Davies KF, Nemergut DR, & Melbourne BA (2016) Differentiating between niche and neutral assembly in metacommunities using null models of β-diversity. *Oikos* **125**: 778-789.

[155] Chase JM & Myers JA (2011) Disentangling the importance of ecological niches from stochastic processes across scales. *Philos. Trans. R. Soc. London B* **366**: 2351-2363.

[156] Myers JA, *et al.* (2013) Beta-diversity in temperate and tropical forests reflects dissimilar mechanisms of community assembly. *Ecol. Lett.* **16**: 151-157.

[157] Chase JM (2010) Stochastic community assembly causes higher biodiversity in more productive environments. *Science* **328**: 1388-1391.

[158] Mori AS, *et al.* (2013) Community assembly processes shape an altitudinal gradient of forest biodiversity. *Global. Ecol. Biogeogr.* **22**: 878-888.

[159] Kraft NJB, *et al.* (2011) Disentangling the drivers of beta diversity along latitudinal and elevational gradients. *Science* **333**: 1755-1758.

[160] Maestre FT, Callaway RM, Valladares F, & Lortie CJ (2009) Refining the stress-gradient hypothesis for competition and facilitation in plant communities. *J. Ecol.* **97**: 199-205.

[161] Ikeda A, *et al.* (2013) Comparison of the diversity, composition, and host recurrence of xylariaceous endophytes in subtropical, cool temperate, and subboreal regions in Japan. *Population Ecology* **56**: 289-300.

[162] Mori AS, *et al.* (2015) Functional redundancy of multiple forest taxa along an elevational gradient: predicting the consequences of non-random species loss. *J. Biogeogr.* **42**: 1383-1396.

[163] Mori AS, Fujii S, Kitagawa R, & Koide D (2015) Null model

approaches to evaluating the relative role of different assembly processes in shaping ecological communities. *Oecologia* **178**: 261–273.

[164] Matsuoka S, Mori AS, Kawaguchi E, Hobara S, & Osono T (2016) Disentangling the relative importance of host tree community, abiotic environment and spatial factors on ectomycorrhizal fungal assemblages along an elevation gradient. *FEMS Microbiology Ecology* **92**: fiw044.

[165] Tilman D (2004) Niche tradeoffs, neutrality, and community structure: a stochastic theory of resource competition, invasion, and community assembly. *Proc. Natl. Acad. Sci. USA* **101**: 10854–10861.

[166] Adler PB, Hillerislambers J, & Levine JM (2007) A niche for neutrality. *Ecol. Lett.* **10**: 95–104.

[167] MA (2005) *Ecosystems and human well-being, current state and trends, Findings of the Condition and Trends Working Group* (Island Press, Washington D.C., USA).

[168] Snell-Rood E (2016) Interdisciplinarity: Bring biologists into biomimetics. *Nature* **529**: 277–278.

[169] Boyd J & Banzhaf S (2007) What are ecosystem services? The need for standardized environmental accounting units. *Ecol. Econ.* **63**: 616–626.

[170] Liquete C, Cid N, Lanzanova D, Grizzetti B, & Reynaud A (2016) Perspectives on the link between ecosystem services and biodiversity: The assessment of the nursery function. *Ecol. Ind.* **63**: 249–257.

[171] Small N, Munday M, & Durance I (2017) The challenge of valuing ecosystem services that have no material benefits. *Glob. Environ. Change* **44**: 57–67.

[172] Fisher B, Turner RK, & Morling P (2009) Defining and classifying

ecosystem services for decision making. *Ecological Economics* **68**: 643–653.

[173] IPBES (2016) Summary for policymakers of the methodological assessment of scenarios and models of biodiversity and ecosystem services of the Intergovernmental Science-Policy Platform on Biodiversity and Ecosystem Services. eds Ferrier S, Ninan K, Leadley P, Alkemade R, Acosta L, Akçakaya H, Brotons L, Cheung W, Christensen V, Harhash K, *et al.* (Secretariat of the Intergovernmental Science-Policy Platform on Biodiversity and Ecosystem Services, Bonn, Germany), p.32.

[174] Jax K & Heink U (2015) Searching for the place of biodiversity in the ecosystem services discourse. *Biol. Conserv.* **191**: 198–205.

[175] Naeem S, Bunker DE, Hector A, Loreau M, & Perrings C (2009) *Biodiversity, ecosystem-functioning, and human wellbeing* (Oxford University Press, New York, US).

[176] Tilman D, Isbell F, & Cowles JM (2014) Biodiversity and ecosystem functioning. *Ann. Rev. Ecol. Evol. Syst.* **45**: 471–493.

[177] Balvanera P, *et al.* (2006) Quantifying the evidence for biodiversity effects on ecosystem functioning and services. *Ecol. Lett.* **9**: 1146–1156.

[178] Cardinale BJ, *et al.* (2012) Biodiversity loss and its impact on humanity. *Nature* **486**: 59–67.

[179] Cardinale BJ, *et al.* (2011) The functional role of producer diversity in ecosystems. *Am. J. Bot.* **98**: 572–592.

[180] Cardinale BJ, *et al.* (2006) Effects of biodiversity on the functioning of trophic groups and ecosystems. *Nature* **443**: 989–992.

[181] Liang J, *et al.* (2016) Positive biodiversity-productivity relationship predominant in global forests. *Science* **354**: aaf8957.

[182] Tilman D, Reich PB, & Knops JM (2006) Biodiversity and ecosystem stability in a decade-long grassland experiment. *Nature* **441**:

629–632.

[183] Isbell F, *et al.* (2011) High plant diversity is needed to maintain ecosystem services. *Nature* **477**: 199–202.

[184] Reich PB, *et al.* (2012) Impacts of biodiversity loss escalate through time as redundancy fades. *Science* **336**: 589–592.

[185] Hautier Y, *et al.* (2015) Anthropogenic environmental changes affect ecosystem stability via biodiversity. *Science* **348**: 336–340.

[186] Wu J, *et al.* (2015) Testing biodiversity-ecosystem functioning relationship in the world's largest grassland: overview of the IMGRE project. *Landscape Ecol.* **30**: 1723–1736.

[187] 大黒 俊哉, 吉原 佑, 佐々木 雄大 (2015)『草原生態学』(東京大学出版会).

[188] Loreau M & Hector A (2001) Partitioning selection and complementarity in biodiversity experiments. *Nature* **412**: 72–76.

[189] Fox JW (2005) Interpreting the "selection effect" of biodiversity on ecosystem function. *Ecol. Lett.* **8**: 846–856.

[190] Schnitzer SA, *et al.* (2011) Soil microbes drive the classic plant diversity-productivity pattern. *Ecology* **92**: 296–303.

[191] LaManna JA, Belote RT, Burkle LA, Catano CP, & Myers JA (2017) Negative density dependence mediates biodiversity-productivity relationships across scales. *Nat. Ecol. Evol.* **1**: 1107–1115.

[192] Jactel H & Brockerhoff EG (2007) Tree diversity reduces herbivory by forest insects. *Ecol. Lett.* **10**: 835–848.

[193] Zhang Y, Chen HYH, & Reich PB (2012) Forest productivity increases with evenness, species richness and trait variation: a global meta-analysis. *J. Ecol.* **100**: 742–749.

[194] Duffy JE (2009) Why biodiversity is important to the functioning of real-world ecosystems. *Front. Ecol. Envion.* **7**: 437–444.

[195] Isbell F, Tilman D, Polasky S, & Loreau M (2015) The biodiversity-dependent ecosystem service debt. *Ecol. Lett.* **18**: 119–134.

[196] Elton C (1958) *The ecology of invasions by animals and plants* (Methuen and Co. Ltd., London, UK).

[197] van Elsas JD, *et al.* (2012) Microbial diversity determines the invasion of soil by a bacterial pathogen. *Proc. Natl. Acad. Sci. USA* **109**: 1159–1164.

[198] Haas SE, Hooten MB, Rizzo DM, & Meentemeyer RK (2011) Forest species diversity reduces disease risk in a generalist plant pathogen invasion. *Ecol. Lett.* **14**: 1108–1116.

[199] Keesing F, Holt RD, & Ostfeld RS (2006) Effects of species diversity on disease risk. *Ecol. Lett.* **9**: 485–498.

[200] Johnson PT, Preston DL, Hoverman JT, & Richgels KL (2013) Biodiversity decreases disease through predictable changes in host community competence. *Nature* **494**: 230–233.

[201] Civitello DJ, *et al.* (2015) Biodiversity inhibits parasites: Broad evidence for the dilution effect. *Proc. Natl. Acad. Sci. USA* **112**: 8667–8671.

[202] Salkeld DJ, Padgett KA, & Jones JH (2013) A meta-analysis suggesting that the relationship between biodiversity and risk of zoonotic pathogen transmission is idiosyncratic. *Ecol. Lett.* **16**: 679–686.

[203] Wood CL & Lafferty KD (2013) Biodiversity and disease: a synthesis of ecological perspectives on Lyme disease transmission. *Trends. Ecol. Evol.* **28**: 239–247.

[204] Hector A & Bagchi R (2007) Biodiversity and ecosystem multifunctionality. *Nature* **448**: 188–190.

[205] Wagg C, Bender SF, Widmer F, & van der Heijden MG (2014) Soil biodiversity and soil community composition determine ecosystem multifunctionality. *Proc. Natl. Acad. Sci. USA*.

[206] Perkins DM, *et al.* (2015) Higher biodiversity is required to sustain multiple ecosystem processes across temperature regimes. *Glob*

Chang Biol **21**: 396-406.

[207] Naeem S (1998) Species redundancy and ecosystem reliability. *Conserv. Biol.* **12**: 39-45.

[208] Mori AS, Furukawa T, & Sasaki T (2013) Response diversity determines the resilience of ecosystems to environmental change. *Biol. Rev.* **88**: 349-364.

[209] Ehrlich PR & Ehrlich A (1981) *Extinction*: *The causes and consequences of the disappearance of species.*(Random House, New York, USA).

[210] Zavaleta ES, Pasari JR, Hulvey KB, & Tilman GD (2010) Sustaining multiple ecosystem functions in grassland communities requires higher biodiversity. *Proc. Natl. Acad. Sci. USA* **107**: 1443-1446.

[211] Mori AS, *et al.* (2016) Low multifunctional redundancy of soil fungal diversity at multiple scales. *Ecol. Lett.* **19**: 249-259.

[212] Soliveres S, *et al.* (2016) Biodiversity at multiple trophic levels is needed for ecosystem multifunctionality. *Nature* **536**: 456-459.

[213] Bracken ME, Friberg SE, Gonzalez-Dorantes CA, & Williams SL (2008) Functional consequences of realistic biodiversity changes in a marine ecosystem. *Proc. Natl. Acad. Sci. USA* **105**: 924-928.

[214] Selmants PC, Zavaleta ES, Pasari JR, & Hernandez DL (2012) Realistic plant species losses reduce invasion resistance in a California serpentine grassland. *J. Ecol.* **100**: 723-731.

[215] Lindenmayer DB, *et al.* (2012) A major shift to the retention approach for forestry can help resolve some global forest sustainability issues. *Conserv. Lett.* **5**: 421-431.

[216] Mendenhall CD, Archer HM, Brenes FO, Sekercioglu CH, & Sehgal RNM (2013) Balancing biodiversity with agriculture: Land sharing mitigates avian malaria prevalence. *Conserv. Lett.* **6**: 125-131.

[217] Mori AS & Kitagawa R (2014) Retention forestry as a major

paradigm for safeguarding forest biodiversity in productive land-scapes: A global meta-analysis. *Biol. Conserv.* **175**: 65-73.

[218] Karp DS, *et al.* (2013) Forest bolsters bird abundance, pest control and coffee yield. *Ecol. Lett.* **16**: 1339-1347.

[219] Zuppinger-Dingley D, *et al.* (2014) Selection for niche differentia-tion in plant communities increases biodiversity effects. *Nature* **515**: 108-111.

[220] Tilman D & Snell-Rood EC (2014) Diversity breeds complementar-ity. *Nature* **515**: 108-111.

[221] Galetti M, *et al.* (2013) Functional Extinction of Birds Drives Rapid Evolutionary Changes in Seed Size. *Science* **340**: 1086-1090.

[222] Holbrook KM & Loiselle BA (2009) Dispersal in a Neotropical tree, Virola flexuosa(Myristicaceae): Does hunting of large verte-brates limit seed removal? *Ecology* **90**: 1449-1455.

[223] Fenner M (2000) *Seeds: The ecology of regeneration in plant communities* (CAB International, Wallingford, UK).

[224] Adler PB, *et al.* (2011) Productivity is a poor predictor of plant species richness. *Science* **333**: 1750-1753.

[225] Fraser LH, *et al.* (2015) Worldwide evidence of a unimodal rela-tionship between productivity and plant species richness. *Science* **349**: 302-305.

[226] Grace JB, *et al.* (2016) Integrative modelling reveals mechanisms linking productivity and plant species richness. *Nature* **529**: 390-393.

[227] Renaud FG, Sudmeier-Rieux K, Estrella M, & Nehren U (2016) *Ecosystem-based disaster risk reduction and adaptation in practice* (Springer International Publishing, Switzerland).

[228] 鷲谷 いづみ［監修・編著］(2016)『生態学：基礎から保全へ』(培風館).

[229] CBD (2009) Connecting biodiversity and climate change mitiga-

tion and adaptation: Report of the second ad hoc technical expert group on biodiversity and climate change in *Technical Series*(Convention on Biological Diversity, Montreal, Canada), p.126.

[230] Adger WN, Hughes TP, Folke CS, Carpenter S, & Rockström J (2005) Social-ecological resilience to coastal disasters. *Science* **309:** 1036-1039.

[231] Kobayashi Y & Mori AS (2017) the potential role of tree diversity in reducing shallow landslide risk. *Env. manage.* **59:** 807-815.

[232] Berendse F, van Ruijven J, Jongejans E, & Keesstra S (2015) loss of plant species diversity reduces soil erosion resistance. *Ecosystems* **18:** 881-888.

[233] Allen DC, Cardinale BJ, & Wynn-Thompson T (2016) Plant bio-diversity effects in reducing fl uvial erosion are limited to low species richness. *Ecology* **97:** 17-24.

[234] Díaz S, *et al.* (2015) The IPBES Conceptual Framework — connecting nature and people. *Curr. Opin. in Environ. Sustain.* **14:** 1-16.

[235] Pascual U, *et al.* (2017) Valuing nature's contributions to people: the IPBES approach. *Curr. Opin. in Environ. Sustain.* **26-27:** 7-16.

[236] Darimont CT, Fox CH, Bryan HM, & Reimchen TE (2015) The unique ecology of human predators. *Science* **349:** 858-860.

[237] Helmus MR, Mahler DL, & Losos JB (2014) Island biogeography of the Anthropocene. *Nature* **513**(7519): 543-546.

[238] Rosenzweig ML (1995) *Species diversity in space and time* (Cambridge University Press, Cambridge, UK).

[239] Diamond JM (1975) The island dilemma: Lessons of modern bio-geographic studies for the design of natural reserves. *Biol. Conserv.* **7:** 129-146.

[240] Fahrig L (2013) Rethinking patch size and isolation effects: the habitat amount hypothesis. *J. Biogeogr.* **40**: 1649–1663.

[241] Simberloff D & Abele LG (1982) Refuge design and island biogeographic theory: Effects of fragmentation. *Am. Nat.* **120**: 41–50.

引用・参考 Web ページ

1) Stockholm Resilience Centre: Planetary boundaries ＜www.stockholmresilience.org/research/planetary-boundaries.html＞(2017 年 10 月 17 日アクセス)

2) Convention on Biological Diversity ＜www.cbd.int/＞（2017 年 10 月 17 日アクセス）

3) Global News: Protest at African Hunting Expo in Calgary to stop trophy hunting ＜globalnews.ca/news/2487959/protest-at-african-hunting-expo-in-calgary-to-stop-trophy-hunting/＞（2017 年 10 月 17 日アクセス）

4) CBC news: Calgary judge rejects injunction against African trophy hunt protesters ＜www.cbc.ca/news/canada/calgary/trophy-hunt-injunction-rejected-1.3923755＞(2017 年 10 月 17 日アクセス)

5) The Guardian: Trophy hunting could help conserve lions, says Cecil the lion scientist ＜www.theguardian.com/environment/2016/dec/05/trophy-hunting-could-help-conserve-lions-says-cecil-lion-scientist＞（2017 年 10 月 17 日アクセス）

6) CNN: Texas hunter says he aims to save black rhinos by killing one in Namibia ＜edition.cnn.com/2015/04/07/us/texas-namibia-black-rhino-hunt/＞（2017 年 10 月 17 日アクセス）

7) CNN: Texas hunter bags his rhino on controversial hunt in Namibia ＜edition.cnn.com/2015/05/19/africa/namibia-rhino-hunt/＞（2017 年 10 月 17 日アクセス）

8) The Telegraph Exclusive: Cecil the Lion's son Xanda killed by tro-

phy hunter <www.telegraph.co.uk/news/2017/07/20/cecil-lions-son-xanda-killed-trophy-hunter-nearhwange-national/> （2017 年 10 月 17 日アクセス）

9) The Economics of Ecosystems and Biodiversity
<www.teebweb.org/>（2017 年 10 月 17 日アクセス）

10) WWF ジャパン：WWF で，地球のサポーターになろう
<www.wwf.or.jp/campaign/2017_sm/>（2017 年 10 月 17 日アクセス）

11) Rainforest Foundation US <www.rainforestfoundation.org/> （2017 年 10 月 17 日アクセス）

12) Nature Conservancy <www.nature.org/ourinitiatives/urgentissues/land-conserration/forests/rainforests/rainforests-facts.xml>（2017 年 10 月 17 日アクセス）

13) WWF Global: Tropical rainforests <wwf.panda.org/about_our_earth/deforestation/importance_forests/tropical_rainforest/>（2017 年 10 月 17 日アクセス）

14) 環境省：生物多様性 <www.biodic.go.jp/biodiversity> （2017 年 10 月 17 日アクセス）

15) WWF ジャパン：生物多様性条約 <www.wwf.or.jp/activities/wildlife/cat1016/cat1327/>（2017 年 10 月 17 日アクセス）

16) 環境省：生物多様性及び生態系サービスの総合評価報告書
<www.env.go.jp/nature/biodic/jbo2.html>（2017 年 10 月 17 日アクセス）

17) Uppsala universitet <www.linnaeus.uu.se/online/> （2017 年 10 月 17 日アクセス）

18) The Washington Post <www.washingtonpost.com/news/wonk/wp/2014/02/11/there-have-been-five-mass-extinctions-in-earths-history-now-were-facing-a-sixth/?utm_term=.757118e4o968>（2017 年 10 月 17 日アクセス）

19) Amphibian Survival Alliance <www.amphibians.org/> （2017 年 10 月 17 日アクセス）

20) Laboratory of David M. Hillis <www.zo.utexas.edu/faculty/antisense/>（2017 年 10 月 17 日アクセス）

21) 国立科学博物館 <http://www.kahaku.go.jp/>（2017 年 10 月 17 日アクセス）

22) 科学技術振興機構：サイエンスウィンドウ>教室で伝えたい進化論 <sciencewindow.jst.go.jp/html/sw25/sp-006>（2017 年 10 月 17 日アクセス）

23) プエルトリコ大学 Catherine Hulshof 研究室 <catherinehulshof.wordpress.com/>（2017 年 10 月 17 日アクセス）

24) Nature Education: Community Ecology <www.nature.com/scitable/knowledge/community-ecology-13228209>（2017 年 10 月 17 日アクセス）

25) ルイス・キャロル 著，山形浩生 訳：『鏡の国のアリス』 <http://www.genpaku.org/alice02/alice02j.html#ch9>（2017 年 10 月 17 日アクセス）

26) Convention on Biological Diversity: Factsheets and Briefs <www.cbd.int/abs/resources/factsheets.shtml>（2017 年 10 月 17 日アクセス）

27) 科学技術振興機構：遺伝資源の利用 <www.jst.go.jp/global/iden.html>（2017 年 10 月 17 日アクセス）

28) 一般財団法人バイオインダストリー協会：生物多様性条約（CBD）に基づく生物資源へのアクセスと利益配分—企業のためのガイド— <www.mabs.jp/>（2017 年 10 月 17 日アクセス）

29) 科学技術振興機構：サイエンスウィンドウ>まねから始まる <sciencewindow.jst.go.jp/html/sw28/sp-006>（2017 年 10 月 17 日アクセス）

30) Parasite Ecology: The Dilution Effect-Numbers, Densities, and Prevalences <parasiteecology.wordpress.com/2013/12/04/the-dilution-effect-numbers-densities-and-prevalences/>（2017 年 10 月 17 日アクセス）

31) グリーンインフラ研究会 <http://www.greeninfra.net/>（2017 年 10 月 17 日アクセス）

32) 環境省：那覇自然環境事務所 <kyushu.env.go.jp/naha/wildlife/gairai.html>（2017 年 10 月 17 日アクセス）

あとがき
『生物多様性の多様性』の執筆にあたって

　生物多様性という言葉を聞く機会が増えてきました．「生物多様性の危機」が叫ばれる今，市民や企業，科学者や研究機関，行政，さらには国際機関に至るまで，さまざまな場面で生物多様性を保全し，将来へ残そうとする試みが見受けられます．それでは，生物多様性とは何なのでしょうか？　社会は一体何を守ろうとしているのでしょうか？　生物多様性を保全することの意味や意義とは何でしょうか？　本書では，これらの問いに答えるためのきっかけを提供したいと考えています．

　本書は，生物多様性についてのすべてを網羅しているわけではありません．生物多様性の評価方法，保全の意味などは，一義的な定義や結論を導けるものではありません．本書では紹介しきれなかった理論や解釈も沢山あります．しかしながら，社会の中でその単語表現だけが独り歩きをしている感がある「生物多様性」について，自然科学と人間社会の双方の視点より解説をすることで，漠然としがちな「生物多様性」の意味するところを明確化したいと考えています．

　本書が，多様に評価でき，多様な意味を持つ「生物多様性」について，読者の方々がそれぞれ考え，そして自身の見解を持つためのきっかけになれば幸いです．

謝辞

　本書の作成に当たり，甲山隆司氏（北海道大学）と信沢孝一氏

（共立出版）には，根気強く原稿を待ち続けて頂き，貴重なコメントを頂いた．前田瑞貴氏と冲邑時代氏（横浜国立大学）には，それぞれイラスト作成と全般に対するコメントを頂いた．ここで感謝申し上げたく思います．本書でも紹介した筆者の各研究における共同研究者の皆さま，フィールド研究を支えて頂いた斜里町・知床財団の皆さま，北海道大学天塩研究林のスタッフ，中国科学院・内モンゴル試験地のスタッフ，そして横浜国立大学・森章研究室の各メンバーにも，ここで謝意を表したいと思います．武田博清氏と大園享司氏（京都大学，現・同志社大学）には，群集生態学に取り組むきっかけと無数のアドバイスを与えて頂いた．本書で触れた一連の研究活動においては，日本学術振興会，住友財団，日本証券財団，三井物産環境基金，旭硝子財団，平和中島財団，横浜国立大学環境情報研究院共同研究プロジェクト，鹿島学術振興財団，環境省・環境研究総合推進費，経済開発協力機構，八洲環境技術振興財団，トヨタ財団，横浜工業会，富士通株式会社による支援を得ました．改めて謝意を表したく思います．最後に，日々の研究活動と執筆を支えてくれた森菜穂子と本書を書き上げる最大のモチベーションをくれた森穂乃花に，それぞれ感謝を述べたいと思います．ありがとう．

生態学から生物多様性を把握する

コーディネーター　甲山隆司

　グローバリゼーションの進む世界で，わたしたちを囲み，そしてわたしたちを含む地球上の環境に，人間は極めて大きな影響を及ぼしている．地球環境を把握する最も重要なキーワードの一つが「生物多様性」だ．四半世紀前にリオデジャネイロで催された国連の環境サミット（1992）は，国際的な環境政策推進のスタートラインとなった．そこで採択されたのは，化石燃料の利用による人為的な温室効果ガスの排出抑制による地球温暖化の緩和と，生息地喪失や環境悪化にともなう生物多様性の劣化・喪失の阻止を目標とする二つの国際条約だった（気候変動枠組条約，生物多様性条約）．人間の安定した生存のために生態系を含む環境資源を持続的に保全し利用する必要性は，国家間の利害を睨みながら，その後一貫して国際社会の共通の課題となっている．

　同一祖先から長い進化の歴史を経て形成された，地球上の生物多種系は，生物同士が相互に関係しあいながら，また，生息環境も改変しながら維持・発展してきた．その一員であるわたしたち人間も例外でなく，かつ，著しい変化を極めて短い時間で環境と生物系に改変をもたらしている点では特異な種である．直接的・間接的なネットワークで縛られた地球生物圏と環境の複雑さ・多様さを強調するキーワードである生物多様性は，現在進行形の人間による激変を把握し，緩和し，将来にわたって人間にとって利用可能な形で保全していく道筋を立案していくための概念でもある．とは言っても，

複雑な生物圏の多様性と機能の科学的解明は（これは生態学の中核課題に他ならないが），いまだ道半ばである．

地球温暖化の緩和に関しては，人間の社会経済活動による二酸化炭素を始めとする温暖化効果ガスの排出量削減が課題となる．温暖化・気候変化の予測や，政策による削減効果の影響予測にはまだ不確実性が大きく，また多国間・セクター間の利害関係の調整も困難であるものの，削減すべきターゲットとその定量的評価は明瞭である．二酸化炭素濃度と比べると，生物多様性は，生物自体に留まらず，生物的自然と人間社会の関係を整理するための概念であるため，保全すべき評価指標とは隔たりが大きい．人間が依存している生物的自然（あるいは生態系）の価値を経済的に評価する概念である「生態系サービス」とともに，多義的・多面的でありすぎ，わたしたちが理解を共有するのは容易ではない．

気鋭の生態学者である森 章氏になる本書は，多面的で複層的な「生物多様性」を読み解くユニークかつ包括的なテキストである．人間活動の負荷が人と自然のネットワーク（社会・生態システム）に及ぼす帰結を把握することの難しさを示したのち，生物多様性の重層的な構成要素を多面的な時空間スケールと機能群によって整理している．つづいて，生物多様性がいかに形成・維持されてきたかについて，群集生態学の視座に立って解説する．社会・生態システムの把握に基づいて，人間社会にとっての生態系サービスを支える生物多様性の機能を解説しながら，生物多様性の保全と利用の処方箋を探索する．現在の群集生態学の進展に貢献している著者は，この研究分野の多面的な仮説や操作概念，その発展と実証の過程をていねいに，かつユニークに解説しながら，至る所で人間社会との関わりや，自然と社会の類似性に洞察を広げている．著者による精力的な調査・研究の成果だけでなく，そのプロセスも生きいきと紹介

しており，柔軟な洞察力を備えたナチュラリストならではのテキストに，学ぶところは大きい．

　導入の第1章は，人間にとっての持続的な生物多様性の利用と保全という観点からの導入である．まず，アフリカ・サバンナにおける大形野生動物の趣味目的の狩猟が，富の分配を介した地域住民による野生生物と自然環境保全活動の支援，狩猟対象種の集団維持や地域の生物多様性の保全に役立つケースを象徴的な例として解説する．特定の種の個体と多種のセットが人間社会にもたらす経済的な帰結（サービス）の違いに注目する．大気中の二酸化炭素を始めとする温室効果ガス濃度の上昇と気候変化が進行する現在では，人間社会と対極にある人為影響を受けない原生的な自然はもはや存在し得ない．生態系の際立った構成員である人間社会を含めた人間生態システムとして，地球上の生物多様性の構造が把握されるようになってきている．その上で，著者は，そもそも人間の便益の観点で用いられてきた概念である生物多様性の一般的な評価手法や基準を定める必要性を指摘し，そのための概念整理を多面的に行なうという本書の目的を設定する．

　第2章では，生物多様性を多面的・階層的に評価する手法や指標を手際よく整理している．生物の基本単位である種に注目した，ある地域に出現する種数や頻度構成（種多様性）は間違いなく生物多様性指標の一つである．他方で，多面的な機能形質に着目した機能的多様性，種内変異，そして，地域間の種組成の違い（ベータ多様性）の重要性と定義困難性を解説している．現在は，地球生物相の大量絶滅期と目されるが，系統進化・分化と地史的な理解が進んできた経緯も概説される．また，いくつかの評価手法が，人間社会や非生物的な諸現象にも適用できる例を示すことで，自然界における多様な生物多様性「現象」の特殊性と普遍性にも洞察を広げてい

る.

第3章は，生物多様性が形成・維持されるメカニズムの解説であると同時に，優れた群集生態学入門となっている．種に代表される多くの要素が一緒に居られるメカニズムについて，群集生態学の古典的な諸仮説が，現在に至るまでどのように検証にさらされ，より深い理解や，対立する論争に至っているか，めりはりのある概説が展開される．熱帯環境での種多様性の高さに関する諸仮説がどのような検証を経てきたか，生態的ニッチの分割による共存という前提に立った生物多様性マッピングや気候変化ミスマッチに関する研究の紹介とともに，企業間の競争と共存を例に頻度依存的な共存プロセスを解説するくだりなど，示唆に富んでいる．群集形成が，役割分化にともなう必然的な過程であるか，偶然性に支配され，初期条件に依存するような過程であるのか，という論争も手際よく紹介され，人為影響下での群集・生物相の将来を洞察する手がかりを与えてくれる．

第4章では，多面的な生物多様性の理解にもとづいて，人間社会が生態系をどのように利用・保全・管理していくか，また，そうした人間活動にフィードバックが生じるかを，ここでも客観的な視点で整理している．前述したように，経済学の「財とサービス」(goods and services) を敷衍した生態系サービスは，人間社会が依存し，かつフィードバックを受ける環境と生態系の改変の影響を評価するための経済概念である．（そして，市場経済に結びつけることが，生物多様性の保全・維持政策の唯一の手法でもない．）著者は，生物多様性と生態系サービスの関係も多義的であると指摘しつつ，エコツーリズムを例に，生物多様性・機能的多様性が，生態系サービスを支えている，という理解が適切であると述べる．生物多様性が高いほど，生態系の生産力や環境の時間変動に対する安定性

が高くなる，という仮説は，大規模野外実験系や野外観測，理論検証を経て理解が深まっている．ある種の機能分化が，多様性の高いシステムにおいて迅速に進化することを示す研究から，多様性から生産性・安定性をもたらす，という因果関係でなく，生態系という場で多様性とシステム機能が双方向的に発展してきたことを示唆する．多様性の高い自然生態系の存在が，ヒトの感染症リスクを減少させる（希釈する）効果を及ぼすなど，生態系保全と経済的便益の間にトレードオフでなく促進効果があることを，さらに解明していく必要についても指摘している．

　結びの第5章では，生物多様性条約をめぐる国際的な取組みの動き（「生物多様性及び生態系サービスに関する政府間科学–政策プラットフォーム」IPBES の開始など）に触れながら，人間の便益という視点の限界を踏まえ，人の活動に起因する生物多様性喪失問題の解決に向けた保全と自然との共生への取組みは，やはり人間社会にしかできないことを指摘する．

　著者が本書によって，群集生態学研究の最前線の理解が人間社会の取組みに直結すると，かくも明確に示したことに敬意を表する．

索 引

【あ】

赤の女王仮説　87,88
アルファ多様性　50,53,54,60,61,76
安定性　146
遺伝資源　127,128
遺伝資源の利用から生ずる利益の公正か
　　つ衡平な配分　30
遺伝子の多様性　31,39
遺伝子流動　46
遺伝的多様性　44,46,47
遺伝的浮動　46
エコツーリズム　12,13,24

【か】

確率論　102,115
確率論的プロセス　116
ガンマ多様性　50,54,60,120
気候変動　2,3
希釈効果　149
機能形質　27,67-70,73,74
機能的冗長性　151-153,169
機能的絶滅　160
機能的多様性　28,66,69-73,75,77,79
機能的多様性と生態系サービス　76
機能的に冗長な種　151
供給サービス　125
競争排除　89-91
局所群集　80
食う―食われる（捕食被食）の関係性

　　14
偶然性　98,100-105,107,111,113,114,
　　117,121
偶然と必然の重ね合わせ　116
グリーンインフラ　162-164
グリーン・インフラストラクチャー
　　162
群集生態学　78,79,91,101
系統樹　62,64,65
系統的多様性　62,64-66,79
決定論　115,122
決定論的プロセス　115,116
減災・防災　163

【さ】

災害リスク　164
サンプリング効果　144
自然資本　135
自然選択　46
自然のプロセス　34
社会・生態システム　24,25,38
ジャンゼン・コンネル仮説　82,83
ジャンゼン・コンネル過程　145
種　39,40,49
種数　27,28,49,76,161
種多様性　47,49,77,82,87
種多様性維持　83
種内，種間，生態系の多様性　77
種の多様性　31,39
種の優占度　51

種の優占度ランク　49,51
冗長性　73
象徴的な種　19,25
植物と草食動物との相互作用　14
新種　42
迅速な形質変化　158
迅速な進化　157
ストレス勾配仮説　117
生産性　160
生産性仮説　85
生態学の代謝理論　87
生態系　36
生態系機能　138,141,142,146,153
生態系機能の安定性　147,148
生態系サービス　4,123,125,133-135,
　　146
生態系の多様性　31,32,34
生態系の分断化　14
生態的浮動　108,115
生態ニッチモデリング　93-95
生物群集　79
生物群集の均質化　57
生物群集の集合プロセス　89
生物相の均質化　58,62
生物多様性　1,16,21,25-27,77,123,
　　134,138,142
生物多様性及び生態系サービスに関する
　　政府間科学-政策プラットフォーム
　　（IPBES）　77,123,165
生物多様性学と生物地理学の統合中立理
　　論　107
生物多様性条約　3,19,127,128
生物多様性—生態系機能　139,140,
　　145,146,151,154,156,157,160,161
生物多様性—多機能性　152,154
生物多様性と災害リスク　162
生物多様性と生態系機能　136
生物多様性と生態系機能の関係性
　　124
生物多様性と生態系サービス　124,
　　134,136,165,167,169
生物多様性と生態系サービスのつながり
　　123
生物多様性の形成　79
生物多様性の形成メカニズム　124
生物多様性の構成要素の持続可能な利用
　　30
生物多様性の「保険仮説」　148
生物多様性の保全　19,20,30
生物多様性の保全と利用　4
生物地理学　85
生物の保全　19
生物模倣　129
セシル・ゲート事件　6,12
先住効果　103-105,115
選択効果　142,144
相補性効果　142,143,145

【た】

代謝理論　88
大量絶滅　43
第6の大量絶滅期　43
多機能性　151,152
多種共存　97,98
地域収入　22
地球環境変動　172
地球上の総種数　41
窒素負荷　3
中立　111
中立性　107-109,112,113,121,122
中立理論　107,110,120
中立論　122
超捕食者　168
適応度の違い　97,99,122
統合中立理論　108,109,112,113
島嶼生物地理学　109,170

索 引　209

土地の共有　156
突然変異　46
トロフィーハンティング　5-9,11-16,
　18,19,22

【な】

ニッチ　89,91,92,96-98,105,111,121
ニッチの違い　97,99,122
ニッチ理論　110,120
ネアンデルタール人　40
熱帯雨林　28,30
熱帯の生物多様性　84

【は】

バイオミメティクス　129
必然性　89,9_,101,104,105,107,111,
　113,114,117,121
ヒト　40,44,_72

ヒトの健康　22
非平衡状態　103
負の密度依存効果　82,145
プラネタリー・バウンダリーズ　1,3
文化的サービス　125,131
平衡状態　101
ベータ多様性　50,53-56,58-61,75,115,
　117,118
保全と利用　127

【ま】

メタ群集　80,108

【ら】

利益　133
履歴効果　103
歴史的要因　86

memo

memo

memo

memo

memo

著　者

森　　章（もり　あきら）

2004 年　京都大学大学院農学研究科博士後期課程修了
現　　在　横浜国立大学環境情報研究院・准教授・博士（農学）
専　　門　群集生態学，生態系管理学

コーディネーター

甲山隆司（こうやま　たかし）

1983 年　京都大学大学院理学研究科博士後期課程修了
現　　在　北海道大学大学院地球環境科学研究院・教授・理学博士
専　　門　植物生態学

共立スマートセレクション 23 *Kyoritsu Smart Selection 23* **生物多様性の多様性** *Diversity of Biodiversity* 2018 年 1 月 25 日　初版 1 刷発行 2024 年 5 月 15 日　初版 2 刷発行 検印廃止 NDC 468, 519.8 ISBN 978-4-320-00922-6	著 者　森　　章　　Ⓒ 2018 コーディ ネーター　甲山隆司 発行者　南條光章 発行所　**共立出版株式会社** 郵便番号　112-0006 東京都文京区小日向 4-6-19 電話　03-3947-2511（代表） 振替口座　00110-2-57035 www.kyoritsu-pub.co.jp 印　刷　大日本法令印刷 製　本　加藤製本 一般社団法人 自然科学書協会 会員 Printed in Japan

JCOPY ＜出版者著作権管理機構委託出版物＞
本書の無断複製は著作権法上での例外を除き禁じられています．複製される場合は，そのつど事前に，
出版者著作権管理機構（TEL：03-5244-5088，FAX：03-5244-5089，e-mail：info@jcopy.or.jp）の
許諾を得てください．

共立スマートセレクション

各巻：B6判
1760円〜2310円（税込）

生物学・生物科学／生活科学／環境科学 編

❶海の生き物はなぜ多様な性を示すのか 数学で解き明かす謎
山口 幸著／コーディネーター：巖佐 庸

❷宇宙食 人間は宇宙で何を食べてきたのか
田島 眞著／コーディネーター：西成勝好

❹現代乳酸菌科学 未病・予防医学への挑戦
杉山政則著／コーディネーター：矢嶋信浩

❺オーストラリアの荒野によみがえる原始生命
杉谷健一郎著／コーディネーター：掛川 武

❽ウナギの保全生態学
海部健三著／コーディネーター：鷲谷いづみ

❿美の起源 アートの行動生物学
渡辺 茂著／コーディネーター：長谷川寿一

❸昆虫の行動の仕組み 小さな脳による制御とロボットへの応用
山脇兆史著／コーディネーター：巖佐 庸

❹まちぶせるクモ 網上の10秒間の攻防
中田兼介著／コーディネーター：辻 和希

⓰生態学と化学物質とリスク評価
加茂将史著／コーディネーター：巖佐 庸

⓳キノコとカビの生態学 枯れ木の中は戦国時代
深澤 遊著／コーディネーター：大園享司

㉑カメムシの母が子に伝える共生細菌 必須相利共生の多様性と進化
細川貴弘著／コーディネーター：辻 和希

㉒感染症に挑む 創薬する微生物 放線菌
杉山政則著／コーディネーター：高橋洋子

㉓生物多様性の多様性
森 章著／コーディネーター：甲山隆司

㉔溺れる魚、空飛ぶ魚、消えゆく魚 モンスーンアジア淡水魚探訪
鹿野雄一著／コーディネーター：高村典子

㉕チョウの生態「学」始末
渡辺 守著／コーディネーター：巖佐 庸

㉗生物をシステムとして理解する 細胞とラジオは同じ!?
久保田浩行著／コーディネーター：巖佐 庸

㉘葉を見て枝を見て 枝葉末節の生態学
菊沢喜八郎著／コーディネーター：巖佐 庸

㉙神経美学 美と芸術の脳科学
石津智大著／コーディネーター：渡辺 茂

㉛生態学は環境問題を解決できるか？
伊勢武史著／コーディネーター：巖佐 庸

㉝社会の仕組みを信用から理解する 協力進化の数理
中丸麻由子著／コーディネーター：巖佐 庸

㉞脳進化絵巻 脊椎動物の進化神経学
村上安則著／コーディネーター：倉谷 滋

㉟ねずみ算からはじめる数理モデリング 漸化式でみる生物個体群ダイナミクス
瀬野裕美著／コーディネーター：巖佐 庸

㊱かおりの生態学 葉の香りがつなげる生き物たち
塩尻かおり著／コーディネーター：辻 和希

㊲歌うサル テナガザルにヒトのルーツをみる
井上陽一著／コーディネーター：岡ノ谷一夫

㊳われら古細菌の末裔 微生物から見た生物の進化
二井一禎著／コーディネーター：左子芳彦

㊴発酵 伝統と革新の微生物利用技術
杉山政則著／コーディネーター：深町龍太郎

㊵生物による風化が地球の環境を変えた
赤木 右著／コーディネーター：巖佐 庸

㊶DNAからの形づくり 情報伝達・力の局在・数理モデル
本多久夫著／コーディネーター：巖佐 庸

㊷新たな種はどのようにできるのか？ 生物多様性の起源をもとめて
山口 諒著／コーディネーター：巖佐 庸